Arnold Hanslmeier
Unser Platz im Kosmos

Impressum

Bibliografische Information der Deutschen Nationalbibliothek
Die Deutsche Nationalbibliothek verzeichnet diese Publikation
in der Deutschen Nationalbibliografie; detaillierte bibliografische
Daten sind im Internet über http://dnb.d-nb.de abrufbar.

© 2019 Verlag Anton Pustet
5020 Salzburg, Bergstraße 12
Sämtliche Rechte vorbehalten.

Lektorat: Martina Schneider
Mitarbeit: Isabella Eckerstorfer
Grafik und Produktion: Nadine Kaschnig-Löbel
Cover: Tanja Kühnel
gedruckt in der EU

ISBN 978-3-7025-0952-1

auch als eBook erhältlich:
eISBN 978-3-7025-8067-4

www.pustet.at

Arnold Hanslmeier

Unser Platz im Kosmos

VERLAG ANTON PUSTET

Inhalt

Einleitung

Haben Sie sich schon einmal gefragt, woher wir kommen, wohin wir gehen, was wir eigentlich wirklich wissen? Dies sind Grundfragen, die sich Menschen in allen Kulturen, zu allen Zeiten gestellt haben. Dieses Buch versucht, allgemein verständliche Antworten zu geben – doch Vorsicht. Nicht alle Fragen lassen sich mit modernen Erkenntnissen der Naturwissenschaften vollständig beantworten.

Ein großer Psychoanalytiker, es war kein geringerer als Sigmund Freud, sprach einmal von den großen Kränkungen der Menschheit. In den alten Kulturen waren die Menschen sehr mit der Natur verbunden und betrachteten sich als Teil dieser. Dann entwickelte sich das Bewusstsein, dass wir vielleicht etwas Besonderes im Universum sind. Die Erde sollte der Mittelpunkt des Universums sein, alles bewegte sich um diese. Doch dies erwies sich als Irrtum. Heute wissen wir, dass wir uns an keiner ausgezeichneten Position im Universum befinden, die Erde ein Planet unter acht anderen im Sonnensystem ist, die Sonne ein Stern unter vielen Milliarden, möglicherwiese gibt es Leben anderswo … Gibt es überhaupt einen Mittelpunkt des Universums? Was war vor dem Urknall, was ist außerhalb des Universums? Vielleicht gibt es sogar mehr als nur ein Universum?
Der Weg zur Beantwortung dieser Fragen ist ein langer und spannender. Wir können nur einen kleinen Bruchteil direkt beobachten und möglicherweise Dinge nicht genau messen.

Die Erkenntnisse der modernen Physik und Astrophysik sind faszinierend, aufregend, klingen teilweise verrückt. Ich lade die Leserinnen und Leser ein, sich auf den Weg zu begeben, diese Erkenntnisse nachzuvollziehen und sich ein Bild der modernen Theorien über unser Universum und unseren Platz im Kosmos zu machen. Die Reise führt uns von den Vorstellungen der Menschen der Antike zu modernen Stringtheorien, wonach wir möglicherweise nur in einem von vielen Universen leben.

Die modernen Naturwissenschaften geben uns (Teil-)Antworten. Einige Fragen bleiben ungeklärt oder werden sich vielleicht nie beantworten lassen. Die Leserinnen und Leser dieses Buches finden sicherlich Anregungen für eigene Überlegungen zu solchen Fragen.

Ich bedanke mich beim Verlag Anton Pustet und vor allem bei Frau Martina Schneider für die ausgezeichnet Zusammenarbeit. Dieses Buch widme ich meiner am 5. August 2019 verstorbenen Großmutter bei der ich aufgewachsen bin und die mir mein Studium ermöglichte und meine Forschungen stets interessiert mitverfolgte.

Erde und Mensch
im Mittelpunkt

Was wir am Himmel beobachten

Ist es nicht seltsam? Wenn wir etwas über uns und unsere Stellung im Universum erfahren möchten, dann müssen wir den Blick von uns weg richten und in den Himmel schauen. Erst dadurch bekommen wir eine Ahnung von der Stellung des Menschen und der Erde im Kosmos. Und genau dieser Blick zum Himmel – sei es, wenn wir die Sonne beobachten, den Lauf des Mondes, oder uns an einem dunklen Sternenhimmel erfreuen – hat zu allen Zeiten in allen Kulturen die Menschheit fasziniert. Aber was können wir aus der Beobachtung eines mit Sternen übersäten Nachthimmels lernen oder aus einer romantischen Vollmondnacht?

Schon im Altertum stellte man fest, dass es gewisse Regelmäßigkeiten im Lauf der Gestirne gibt. Hier spielte das Festhalten von Daten, zum Beispiel zu bestimmten Stellungen der Planeten oder Sonnen- und Mondfinsternissen, eine wesentliche Rolle. Dies führte in weiterer Folge zu einer der wichtigsten Errungenschaften der Menschheit: dem Kalender. Es gibt zahlreiche periodische Vorgänge am Himmel, die man zur Erstellung eines Kalenders verwenden kann, doch davon später.

Man erklärte sich Erscheinungen am Himmel durch Handlungen der Götter, die dort wohnen. Sterne wurden Göttern gleichgesetzt, besonders die Planeten, Sonne und Mond.

In dichter besiedelten Gebieten nur mehr schwer zu beobachten: Die Milchstraße.

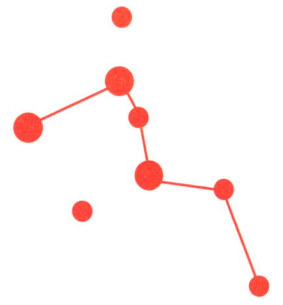

Betrachten wir als Beispiel die Milchstraße, die in dunklen Sommer- und Herbstnächten als zart schimmerndes Band den Himmel umspannt. Sie bestand nach den Vorstellungen der Griechen im Altertum aus Milch, die der Knabe Herakles, ein unehelicher Sohn Jupiters, durch sein ungestümes Saugen aus der Brust seiner Mutter Hera verspritzt hatte. Unsere moderne Vorstellung von der Milchstraße ist nicht weniger spannend: Sie besteht aus mehreren 100 Milliarden Sternen.

Doch was fasziniert uns eigentlich so, wenn wir den Himmel beobachten? Ich glaube, es sind im Wesentlichen zwei Dinge. Auf der Erde ist alles vergänglich. Die Dinge, die uns umgeben, sind Änderungen unterworfen, die wir fast täglich beobachten können. Ein Fußabdruck im Meeressand wird bei der nächsten Flut verschwunden sein. Eine Eintagsfliege lebt nur wenige Stunden. Andere Dinge verändern sich langsamer. Ein von Menschen erbautes Haus wird meist nach wenigen Generationen zerfallen, die Pyramiden in Ägypten sind für Tausende von Jahren errichtet worden. Natürlich ist auch unser Leben endlich. Wie groß ist jedoch der Gegensatz, wenn wir zum Himmel blicken. Die Sterne am Himmel scheinen ewig, jeden Tag geht die Sonne auf und unter. Jahr für Jahr kehren die Jahreszeiten wieder. Bestimmte Sterngruppen fasste man schon im Altertum zu Sternbildern zusammen, die meist mit Mythen und Sagenfiguren in Verbindung gebracht wurden. So finden wir am Himmel den Perseus, der das Haupt der Medusa in Händen hält, die Kassiopeia, die Gattin des ägyptischen Königs Kepheus, deren Tochter Andromeda war. Kassiopeia zog den Zorn Poseidons auf sich, da sie behauptete, schöner als die Nymphen des Meeres zu sein. Deshalb musste ihre Tochter Andromeda dem Meeresungeheuer Keto (heutiges Sternbild Walfisch) ausgeliefert werden. Aber Perseus rettete Andromeda in letzter Sekunde. Jupiter, der oberste römische Gott, Mars (griechisch Ares), der Kriegsgott … Die Götter schienen gleich den Sternen ewig zu sein, unabhängig von allen irdischen Vorgängen.

Ein weiterer Grund für die Faszination, die der Sternenhimmel auf uns ausübt, ist praktischer Natur. Vorgänge am Himmel spielen sich periodisch ab, wie die immer wiederkehrende Folge von Tag und Nacht, der Umlauf des Mondes um die Erde oder der Erde um die Sonne.

Chaos am Himmel?

Der Himmel galt also seit jeher als etwas Unveränderliches, Erhabenes, Göttliches. Umso mehr waren die Menschen beunruhigt, wenn es am Himmel eine plötzliche Veränderung gab: Ein Komet taucht auf, eine Finsternis tritt ein, ein neuer Stern wird beobachtet. Dies galt vielfach als ein Zeichen des Zorns der Götter oder als Zeichen eines bevorstehenden Umsturzes der Ordnung, kommender Naturkatastrophen, für Krieg oder Krankheit. Noch bei der Erscheinung des alle 76 Jahre wiederkehrenden periodischen Kometen Halley im Jahr 1910 wurde Unheilvolles vorhergesagt. Astronomen berechneten sogar, dass die Erde durch den mehrere Millionen Kilometer ausgedehnten Schweif des Kometen hindurchgehen würde. Zu allem Überfluss hatte man durch Analyse des Lichtes giftige Gase in Kometenschweifen nachgewiesen. Es wurden viele Mittel verkauft, um die Folgen dieses Durchganges abzuschwächen, Pillen, Gasmasken und Ähnliches. Natürlich wussten auch die Astronomen damals, dass die Gasdichte in Kometenschweifen extrem gering sein muss, und der Durchgang der Erde durch den Kometenschweif keinerlei Auswirkungen auf die Erdatmosphäre haben würde. Dennoch blühte das Geschäft aufgrund der Unwissenheit der Bevölkerung.

Heute wissen wir, dass Kometen relativ kleine Himmelskörper mit einigen 10 Kilometern Ausdehnung sind. Die spektakuläre Schweiferscheinung entsteht durch verdampfende Gase, wenn sich ein Komet auf seiner Bahn der Sonne nähert. Der Komet Halley ist besonders bekannt, weil er bei seiner Wiederkehr alle 75,3 Jahre hell am Himmel leuchtet. Das letzte Mal konnte man ihn 1986 beobachten. Das nächste Mal erwartet man ihn für Juli 2061.

Zeichnung des Kometen Donati über Venedig, 1858.

Aufgezeichnet von chinesischen Astronomen wurde das Erscheinen eines Sternes im Sternbild des Stiers (Taurus) im Jahr 1054 n. Chr., der so hell strahlte, dass er auch mit bloßem Auge am Tageshimmel zu sehen war. Wir wissen heute, dass dies ein explodierender Stern am Ende seiner Entwicklung war, was als Supernova bezeichnet wird. Als Überrest dieser Explosion beobachtet man den berühmten Crabnebel, M1 genannt. Im Zentrum befindet sich der Überrest des Sternes, ein nur etwa 10 Kilometer großer Neutronenstern.

Die Beobachtung der periodischen Vorgänge am Himmel ermöglichte es den Astronomen, die damals meist Priester waren, im Altertum bereits einen Kalender zu erstellen. Wirklich erklären konnte man sich die Vorgänge am Himmel jedoch nicht. Es dauerte mehrere Jahrtausende, bis sich unser heutiges Weltbild entwickelte. Dies umfasst einen Zeitraum von mehr als 3 000 Jahren.

Weltbild: Fantasie und Wirklichkeit

Welches Bild über unsere Welt, über den Kosmos, hatten die Kulturen des Altertums bis hinauf ins Mittelalter? Waren dies reine Fantasievorstellungen oder gab es bereits erste richtige Messungen?

Fantasievorstellungen gab es natürlich. So soll bei einer Sonnenfinsternis – nach den Vorstellungen im alten China – die Sonne von einem Drachen verschluckt worden sein, der sie dann nach wenigen Minuten wieder ausspeit. Das Ereignis wurden von den Chinesen „Shi" genannt, was so viel wie „essen" oder „fressen" bedeutet. Heute wissen wir, dass Finsternisse nicht bedrohlich sind, sondern immer dann eintreten, wenn sich Sonne-Erde-Mond auf einer Linie befinden. Auch Kometen sind an sich harmlose verdampfende Gesteinsbrocken, die aus den äußeren Regionen des Sonnensystems kommen.

Es gab aber auch bereits systematische astronomische Beobachtungen und vor mehr als 2 500 Jahren war man in der Lage, Finsternisse oder die Stellung der Planeten vorherzusagen.

Man kann sich vorstellen, welche Autorität das denjenigen Priestern verlieh, die im Stande waren, solche Vorhersagen zu treffen. Umgekehrt konnte man auch leicht geköpft werden, wenn man ein derartiges bevorstehendes Ereignis nicht rechtzeitig dem Herrscher mitteilte.

Die ersten Vorstellungen von der Welt, vom Kosmos, waren stark mit dem Götterglauben verbunden und man dachte sich den ganzen Kosmos belebt.

Im alten China glaubte man, ein böser Drache fresse die Sonne während einer Sonnenfinsternis. Mit Trommelwirbel versuchte man, ihn zu vertreiben.

Weltbilder

Das Wort Weltbild enthält zwei Begriffe: „Welt" und „Bild". Es handelt sich also sozusagen um Abbildungen der Welt. Doch was verstehen wir unter dem Begriff „Welt"? Viele verstehen darunter unsere Erde, es kann aber auch für das gesamte Universum stehen oder es bezeichnet einen kleinen abgegrenzten Bereich, die „Welt" der Bakterien beispielsweise.

Wir machen uns ein Bild der Welt, also eine Vorstellung. Diese hängt von vielen Faktoren ab. Von unseren Kenntnissen, von unserem geistigen Horizont, von unserer Kultur und Ähnlichem. Die alten Kulturvölker hatten ein vollkommen anderes Weltbild als wir es heute haben. Lassen Sie sich kurz mit den Vorstellungen dieser Kulturen vertraut machen. Wir werden sehen, dass manche dieser Vorstellungen kurios waren, andere sich aber durchaus in unserem modernen Weltbild widerspiegeln.

Wichtig ist es festzuhalten, dass das Bild der Welt kein statisches ist, sondern einer stetigen Wandlung unterworfen ist, da sich ja auch unser Wissen über die Welt ständig erweitert.

Als älteste Darstellung des Himmels gilt die Himmelsscheibe von Nebra, sie stammt aus der Bronzezeit. Es handelt sich dabei um eine kreisförmige Bronzeplatte mit Einlagen aus Gold, die zwei Mondphasen darstellen sowie einen Sternhaufen, die Plejaden, die der Mond von Zeit zu Zeit bedeckt, sowie die Sonne als Sonnenbarke.

Himmelsscheibe von Nebra. Ihr Alter beträgt rund 4000 Jahre. Rechts erkennt man den zunehmenden Mond, links den Vollmond. Oberhalb der Mitte rechts sieht man eine Gruppe von sieben Sternen, die Plejaden. Unterhalb ist die Sonnenbarke zu sehen.

Das Weltbild der Ägypter

Die ägyptische Kultur war eine der ersten Hochkulturen. Wir wissen viel über ihre Rituale, weil Bauwerke (Pyramiden) sowie Schriften erhalten geblieben sind. Eine sehr schöne Darstellung des ägyptischen Weltbildes findet sich auf einem Sarkophagdeckel.

Der Stein von Rosetta, der die Entzifferung der Hieroglyphen ermöglichte.

Ägyptische Sarkophage bestehen meist aus Kalkstein oder Basalt. Bereits um 3200 v. Chr. wurden Hieroglyphen verwendet. Nach ägyptischer Vorstellung soll der Gott der Weisheit, Thot, die Hieroglyphen geschaffen haben. Man nannte sie daher auch Gottesworte. Lange Zeit blieben die Hieroglyphen vollkommen rätselhaft. Entziffern konnte man diese Zeichen erst durch den Stein von Rosetta, der bei Napoleons Ägyptenfeldzug (1798–1801) gefunden wurde. Bei diesem Feldzug wurde Napoleons Heer auch von einem Team bestehend aus 167 Wissenschaftlern, Ingenieuren und Künstlern begleitet (*Commission des sciences et des arts*).

Die große Bedeutung des Steins von Rosetta liegt darin, dass er ein Dekret aus der Ptolemäerzeit enthält, das in drei verschiedenen Schriften/Sprachen niedergeschrieben wurde, darunter in Griechisch, Demotisch und Hieroglyphen. Dieses Dekret stammt aus dem Jahr 196 v. Chr. Der Stein befindet sich seit 1802 im British Museum in London.

Der Sarkophagdeckel, auf dem sich die Darstellung des ägyptischen Welthauses befindet, stammt aus der Zeit der 30. Dynastie. Die 30. Dynastie gehört in die Spätzeit (664–322 v. Chr.).

Die Ägypter stellten sich die Erde als eine Scheibe vor. Über diese beugt sich die Himmelsgöttin Nut. Sie stellt den Himmel dar. Die Himmelsgöttin Nut hatte mehrere Bedeutungen für die Ägypter. Sie symbolisierte das Himmelsgewölbe, aus ihr stammt alles, der Donner war ihr Gelächter, der Regen ihre Tränen. Ihr Körper trennt den Kosmos vom Chaos. Chaos bedeutet formlose Masse und wird auch mit Nicht-Existenz gleichgesetzt. Nut trennt also die Mächte des Chaos

Darstellung des Gottes Anubis
mit Zepter und Anch.

Darstellung der Nut. Unten liegt ihr Geliebter, der Erdgott Geb.

vom geordneten Kosmos. Aus Nut kommen Sonne, Mond und Sterne hervor und abends verschlingt sie diese wieder.

Betrachten wir noch kurz den berühmtesten Mythos über diese Göttin, die Schöpfungsgeschichte von Heliopolis. Darin erscheint Nut als Kind des Gottes Schu (Gott der Luft) und Tefnut (Göttin der Feuchtigkeit). Sie liebte ihren Bruder Geb, was ihren Vater erzürnte. Deshalb wurde sie in den Himmel verbannt. Ihr Vater Schu war als Luftgott zwischen ihr und ihrem Geliebten Geb (Gott der Erde). Oft findet man folgende Darstellung: Schu stützt mit erhobenen Armen Nut, zu seinen Füssen liegt der Erdgott Geb. Als der Sonnengott Re bemerkte, dass Nut mit Geb verkehrte, verfluchte er sie und sie sollte an keinem der 360 Tage des Jahres Kinder gebären. Thot (Gott des Wissens, des Schreibens) half ihr und gab ihr noch 5 zusätzliche Tage, an denen ihre Kinder geboren wurden.

Dieses Beispiel zeigt sehr deutlich die Grundhaltung der Menschen in alten Kulturen gegenüber dem Kosmos. Man erklärte sich alle Vorgänge in der Natur als göttliche Handlungen. Tag und Nacht, Auf- und Untergang der Gestirne, der Sonne und des Mondes hingen mit göttlichen Aktivitäten zusammen. Die gesamte Natur, der gesamte Kosmos war erfüllt von Göttern. Besonders ausgeprägt sind diese Vorstellungen auch bei den amerikanischen Ureinwohnern. Der Westen, wo die Sonne untergeht, symbolisiert das Vergehen, das Sterben, der Osten die Geburt, hier geht die Sonne auf, der Tag beginnt.

Der Kalender – eine Einteilung der Zeit

Will man den Platz des Menschen im Kosmos verstehen, benötigt man einerseits eine Angabe seines Ortes, andererseits auch eine Größe, die uns allen sehr wichtig ist und von der man nie genug haben kann, die Zeit. Um diese einzuteilen, verwendet man einen Kalender. Daher ist es nicht verwunderlich, dass sich auch die alten Ägypter mit Kalenderrechnung beschäftigten.

Die ägyptischen Astronomen interessierten sich vor allem für den hellsten Fixstern Sirius, den man in mitteleuropäischen Breiten im Winter hell im Süden sieht. Sie beobachteten den heliakischen Aufgang dieses Sternes.

Sirius ist in Mitteleuropa am Winterhimmel gut sichtbar, er ist der hellste Fixstern. In den Monaten Mai bis Juli steht er jedoch unsichtbar am Tageshimmel neben der Sonne. Danach taucht der Stern wieder am Morgenhimmel auf. „Heliakischer Aufgang" bedeutet den Zeitpunkt, ab dem zum ersten Mal Sirius wieder am Morgenhimmel erscheint.

Doch weshalb beschäftigten sich die Ägypter so ausführlich mit Sirius und dessen heliakischem Aufgang? Das hat einen sehr praktischen Grund. Man stellte irgendwann einmal fest, dass bald nach dem heliakischen Aufgang des Sirius der Nil Hochwasser führte (wegen der starken Regenfälle am Ort seiner Entstehung). Das war für die Ägypter lebensnotwendig, denn die Nilüberschwemmungen ermöglichten in der Wüstengegend erst Ackerbau.

Zunächst verwendeten die Ägypter einen Kalender mit 365 Tagen. Da die wahre Jahreslänge 365,24219 Tage beträgt, ergibt sich alle vier Jahre ein Fehler von rund einem Tag (= 4 x 0,24219). Geht also beispielsweise Sirius im Jahr X am 1. August heliakisch auf, so geht er nach 40 Jahren bereits am 21. Juli heliakisch auf. Schon während eines Menschenlebens ist hier eine deutliche Verschiebung zu erkennen.

Erst im Lauf von 1 440 Jahren etwa passt dann der heliakische Aufgang des Sirius wieder mit dem 365-tägigen Kalender zusammen. Dies war jedoch äußerst unpraktisch für den täglichen Gebrauch. Man wollte einen Kalender so haben, dass der heliakische Aufgang des Sirius und die Nilüberschwemmung immer wieder zum gleichen Zeitpunkt des Jahres eintraten. Um 221 v. Chr. entschloss man sich daher zu einer Kalenderreform:

Das Jahr hatte nun 365 ¼ Tage. Man schob also alle vier Jahre einen Zusatztag ein. Damit stimmte der Kalender wesentlich besser mit der tatsächlichen Jahreslänge überein. 46 v. Chr. übernahm Julius Cäsar diesen ägyptischen Kalender und führte ihn ein, man spricht deshalb vom Julianischen Kalender. Dieser richtet sich nach dem Lauf der Sonne, die Römer hatten zuvor einen Mondkalender verwendet, der sich nach dem Mondlauf richtete.

Der Stern Sirius ist der hellste Fixstern am Himmel und im Winter gut zu beobachten. Er befindet sich im Sternbild Großer Hund, Canis Major.

Neben Sirius spielten auch andere Sterne eine wichtige Rolle für die Ägypter. Es gab zwölf Nachtsterne, die als Wächter des Nachthimmels galten. Auch den Göttern waren bestimmte Sterne zugeordnet.

Babylonisches Weltbild

Wenn wir von Weltbildern des Altertums sprechen, darf die babylonische Kultur nicht fehlen. Mesopotamien, das Zweistromland, befindet sich zwischen den beiden Flüssen Euphrat und Tigris, heute liegt es großteils auf irakischem Staatsgebiet.

Die Geschichte dieses fruchtbaren Gebietes ist äußerst unbeständig, verschiedene Herrschervölker wechselten einander ab. Die ersten waren die Sumerer, die bereits erstaunliche astronomische Kenntnisse hatten. Man kannte die fünf mit freiem Auge erkennbaren Planeten Merkur, Venus, Mars, Jupiter und Saturn und befasste sich mit der Erstellung eines Kalenders. Damit wurde die Zeit messbar und ähnlich wie bei den Ägyptern wurden Überschwemmungen durch die beiden Flüsse Euphrat und Tigris vorhersagbar. Eine der größten Leistungen der Sumerer war die

Erfindung der Keilschrift. So konnte man Erscheinungen am Himmel aufzeichnen. Im dritten Jahrtausend v. Chr. drangen dann Semiten ein und Babylon wurde zur mächtigsten Stadt. Am Ende des zweiten Jahrtausends kam es zu Kämpfen mit der aufstrebenden Stadt Assur. Danach wurde das Gebiet von den Assyrern, Chaldern und Persern erobert und beherrscht. Im dritten Jahrhundert v. Chr. wurde Babylon vollständig zerstört.

Zwischen dem Zweistromland und Ägypten finden sich viele Parallelen. Es gibt lange Phasen für günstige astronomische Beobachtungen, das Land ist durch die beiden Flüsse fruchtbar. Im Frühjahr führen die beiden Ströme große Wassermassen.

Das altbabylonische Reich wurde um 1830 v. Chr. gegründet. Hammurapi (1792–1750) erließ in Keilschrift eine Sammlung von Gesetzen. Dies ist die älteste bis heute erhaltene Gesetzessammlung. Hammurapi vereinigte das Gebiet zwischen Persischem Golf und Syrischer Wüste. Es wurde ein Bewässerungssystem eingeführt sowie der Pflug. König Nebukadnezar II (604–562 v. Chr.) ordnete die Errichtung vieler Bauwerke an: Bekannt sind der Turm zu Babel, die Hängenden Gärten der Semiramis, das Ischtar-Tor und die Prozessionsstraße.

Astronomen im Zweistromland waren Priester und man verknüpfte astronomische Beobachtungen mit Sterndeutung (Astrologie). Wieder war der Grund, dass man vor allem die wiederkehrenden Überschwemmungen vorhersagen wollte. Der babylonische Kalender war zunächst ein Mondkalender. Der Mond wurde sorgfältig beobachtet. Besonders untersuchte man, wann der Mond nach der Phase Neumond zum ersten Mal wieder am Abendhimmel zu sehen war, was heute wie damals auch als „Neulicht" bezeichnet wird.

Der Mondgott hieß Sin. Man stellte fest, dass der Zeitraum von einem „Neulicht" zum nächsten etwa 30 Tage beträgt. So kam man auf die

Codex des Hammurapi mit Gott Samas und Hammurapi.

Die Phasen des Mondes entstehen durch die Beleuchtung der Sonne und den Lauf des Mondes um die Erde. Das Sonnenlicht kommt hier von links. Bei Neumond befindet sich der Mond zwischen Erde und Sonne, wir sehen die unbeleuchtete Seite des Mondes, beim ersten Viertel erscheint die Mondkugel zur Hälfte beleuchtet. Bei Vollmond sehen wir den Mond voll beleuchtet und beim letzten Viertel, wo er drei Viertel seiner Umlaufbahn zurückgelegt hat, erscheint die Mondkugel wieder zur Hälfte beleuchtet.

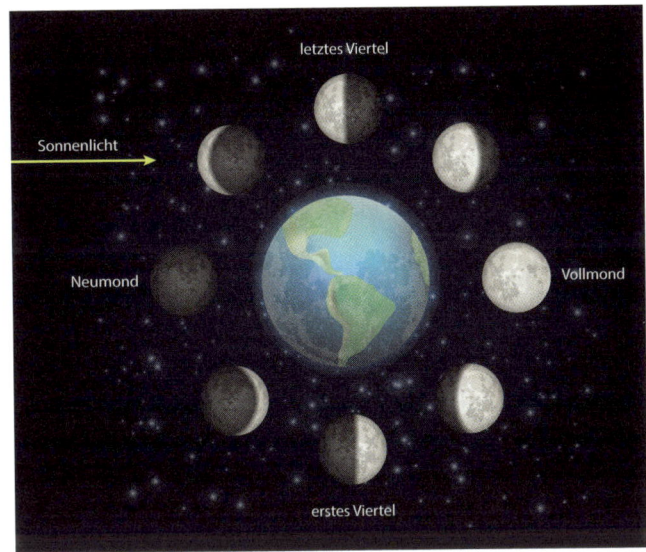

Einteilung des Jahres in 12 Monate zu je 30 Tagen. Das ergibt eine Jahreslänge von 360 Tagen, es fehlen also mehr als 5 Tage, bis der Sonnenstand wieder in etwa dem des Vorjahres entspricht. Das bemerkten auch die babylonischen Astronomen und man führte ein fünftägiges Zusatzfest ein. Wie schon beschrieben, beträgt die genaue Länge eines Jahres 365,24219052 Tage. Dies nennt man auch das „tropische Jahr". In diesem Zeitraum wiederholt sich die Position der Sonne im sogenannten Frühlingspunkt am Himmel. Ein Kalender, der also auf lange Zeit mit den Jahreszeiten übereinstimmen soll, muss möglichst exakt die Länge des tropischen Jahres besitzen. Es wurden Schaltmonate eingeführt, anfangs jedoch willkürlich. Die Sieben-Tage-Woche hingegen geht auf die Assyrer zurück.

Durch ihre genauen Mondbeobachtungen fanden die babylonischen Astronomen auch die sogenannte Sarosperiode. Finsternisse wiederholen sich im Saroszyklus mit einer Periode von 6585 ⅓ Tagen = 18,03 Jahre. Jeder Saroszyklus besteht aus etwa 71 Finsternissen und ist damit 1 270 Jahre lang. Das Ganze wird noch verwirrender: Es gibt etwa 40 Zyklen zur gleichen Zeit. Thales von Milet, der griechische Naturphilosoph, soll mit dem Saroszyklus eine Finsternis vorhergesagt haben, die während einer kriegerischen Auseinandersetzung (Finsternis 585 v. Chr.) auftrat. Wir betrachten kurz, wie es zu diesem Zyklus kommt. Eine Finsternis tritt immer dann ein, wenn Erde, Sonne und Mond in einer Linie stehen:

Sonnenfinsternis: Mond steht genau zwischen Sonne und Erde – bei Neumond.
Mondfinsternis: Der Mond taucht in den Schatten der Erde ein – bei Vollmond.

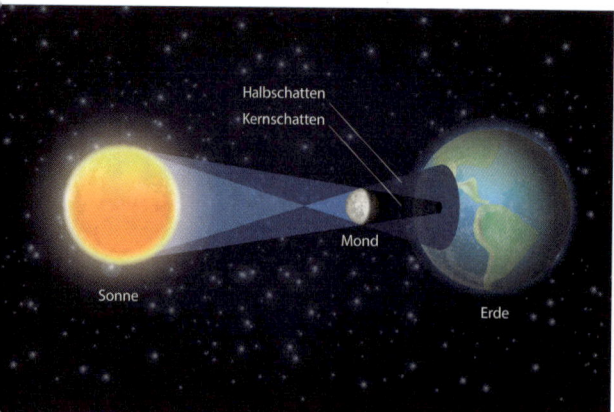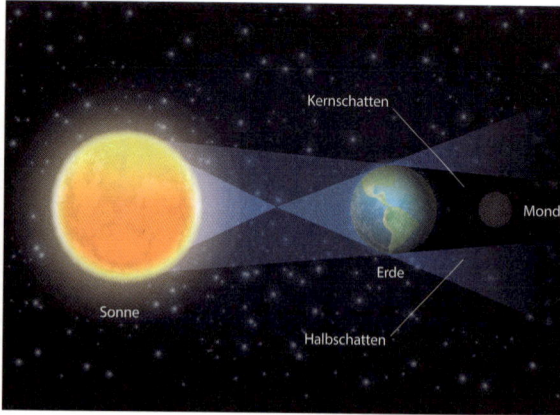

Der Mond befindet sich genau zwischen Erde und Sonne. Der Mondschatten wandert über die Erde, in seinem Bereich sieht man eine totale Sonnenfinsternis (Kernschatten, er hat jedoch maximal 200 Kilometer Ausdehnung, also sind Sonnenfinsternisse für einen bestimmten Ort auf der Erde selten).
Bei einer Mondfinsternis taucht der Vollmond in den Schatten der Erde ein. Eine Mondfinsternis ist von allen Orten der Erde aus zu sehen, wo sich der Mond beim Kernschatteneintritt über dem Horizont befindet.

Allerdings findet nicht bei jedem Neumond und jedem Vollmond eine Finsternis statt, da die Bahn des Mondes zur Erdbahnebene (Ekliptik) geneigt ist. Finsternisse treten nur ein, wenn der Mond bei der Phase Vollmond oder Neumond in der Ekliptik steht. Die Schnittpunkte der Mondbahn mit der Ekliptik nennt man auch Drachenpunkte. Diese Punkte verschieben sich mit einer Periode von etwa 18 Jahren. Das erklärt grob den Saroszyklus.

Neben dem Mond genoss bei den Babyloniern der Planet Venus eine besondere Verehrung. Man assoziierte diesen Planeten mit der Göttin Ishtar, der Göttin des Krieges und der Liebe. Es war auch bekannt, dass Venus als Morgen- oder Abendstern zu sehen ist.

Heute können wir ganz einfach erklären, weshalb Venus einmal als Morgen- und einmal als Abendstern erscheint. Die Umlaufbahn der Venus verläuft enger um die Sonne als die Umlaufbahn der Erde. Befindet sich Venus von der Erde aus gesehen links von der Sonne, so ist sie noch am Abendhimmel zu sehen, wenn bereits die Sonne untergegangen ist. Befindet sich Venus rechts von der Sonne, so sieht man sie von der Erde aus am Morgenhimmel, vor Sonnenaufgang. Am nächsten ist uns Venus bei ihrer unteren Konjunktion, wenn sie sich genau zwischen Erde und Sonne befindet. Dann ist sie allerdings nicht sichtbar, sie befindet sich dicht neben der Sonne am Tageshimmel. Nur selten kann man den Durchgang der Venus vor der Sonnenscheibe beobachten (Transit). Der letzte Venustransit konnte 2012 beobachtet werden, der nächste findet erst wieder 2117 statt.

Wie in der Abbildung gezeigt, wird Venus von der Erde aus gesehen auch immer unterschiedlich beleuchtet, sie zeigt Phasen wie unser Mond, die allerdings nur bei entsprechender Vergrößerung im Teleskop zu sehen sind. Kurz vor oder nach der unteren Konjunktion sieht man eine große Venussichel, vor oder nach der oberen Konjunktion ist Venus fast voll beleuchtet, aber klein. Es wird berichtet, dass bereits babylonische Astronomen von einer Venussichel gesprochen haben. Unter günstigen Bedingungen ist dies denkbar. Aber natürlich wussten die Astronomen noch nichts über die Venusbahn, die sich innerhalb der Erdbahn befindet und durch die man diese Phasen leicht erklären kann.

Mit Venus verbanden die Babylonier auch Wettervorhersagen. Bei ihrem Erscheinen sollte der Himmel schwer von Regen sein. Nach ihrer

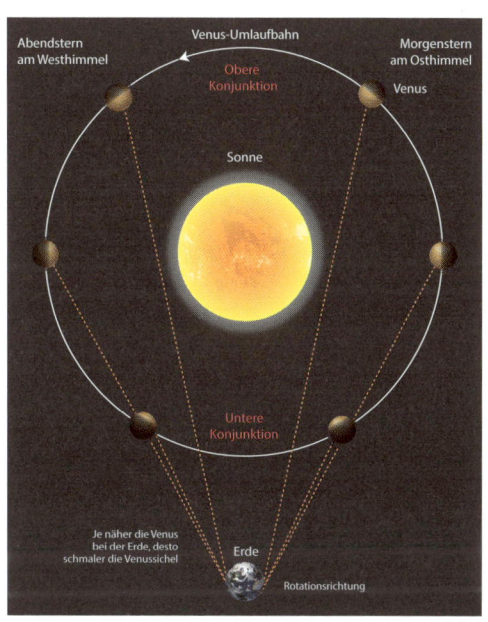

Die Stellungen des inneren Planeten Venus in Bezug auf die Erde.

Unsichtbarkeit von etwa drei Monaten und ihrer anschließenden Rückkehr an den Abendhimmel würde Feindschaft das Land heimsuchen, aber auch die Ernte gedeihen. Wie genau die Messungen der Babylonier waren, soll anhand einiger Beispiele illustriert werden. Die Zeitdauer von einer bestimmten Mondphase zur nächsten bezeichnet man als „synodischen Monat". Wenn also beispielsweise heute um exakt 20 Uhr Vollmond wäre, dann ist nach einem synodischen Monat wieder Vollmond. Die Länge des synodischen Monats beträgt genau 29,53029 Tage. Die Messungen der Babylonier ergaben eine Länge von 29,53062 Tagen! Die Umlaufdauer der Venus wurde nur um 0,2 Stunden fehlerhaft ermittelt.

Das sumerische Wort „MUL" bedeutet Stern (man sah damals auch die Planeten als Sterne an). Die sogenannten MUL.APIN Tafeln enthalten genaue Aufzeichnungen über die heliakischen Aufgänge der Sterne. Zum Beispiel finden sich darin „MUL. MUL", was „viele Sterne" bedeutet, gemeint sind damit die Plejaden.

Es gibt eine babylonische Weltkarte, die die Erde als Scheibe zeigt, die von Wasser umgeben ist. Durch die Erdscheibe fließt der Euphrat. Die Karte entstand zwischen 700 und 500 v. Chr.

Die Landkarte zeigt die Stadt Babylon als Rechteck etwas oberhalb der Mitte, diese Stadt wird vom Euphrat durchquert, der aus den Bergen (oben rechts als Halbkreis angedeutet) entspringt. Man hatte die Vorstellung, dass die gesamte Landmasse von einem Meer (großer Kreis) umgeben ist. Die Vorstellung, dass die Welt von einem Ur-Ozean umgeben ist, findet sich in vielen Kulturen.

Ist die Erde eine Scheibe? Das Weltbild der Griechen

In der Antike ist das Weltbild der Griechen besonders interessant. Diese haben zum ersten Mal versucht, die Welt auch durch Messungen zu erfassen. Sie stellten sich Fragen wie:

Wie weit sind Sonne und Mond von uns entfernt?
Ist die Erde wirklich eine Scheibe?

Die Himmelsobjekte Sonne, Mond und Sterne gehen im Osten auf und im Westen unter (die Ausnahme bilden die sogenannten Zirkumpolarsterne, die man die ganze Nacht hindurch um den Polarstern kreisen sieht). Was liegt daher näher, als aufgrund dieser Beobachtungen anzunehmen, dass sich alle Himmelkörper um die Erde drehen. Damit rückte die Erde in den Mittelpunkt des Universums. Deshalb spricht man auch vom „geozentrischen Weltsystem".

Da man sich aber nicht vorstellen konnte, weshalb die Sterne nicht vom Himmel fallen, mussten sie dort auf unterschiedlichen Sphären festgeheftet sein. Diese bewegten sich um die Erde. Es gab verschiedene Ansätze, dieses System zu entwickeln. An der äußersten, der schnellsten Sphäre glaubte man die Fixsterne, der Mond war an der langsamsten, der innersten Sphäre angeheftet.

Am genauesten wurde das geozentrische Weltsystem von Aristoteles (384–322 v. Chr.) definiert. Er war einer der größten und bekanntesten Philosophen im antiken Griechenland. Seine Anschauungen beeinflussten das Weltbild bis in die Neuzeit.

Aber die Beobachtungen zeigten, dass dieses System nicht ohne weiteres die Bewegungen der Planeten am Himmel erklären konnte. So vollziehen Planeten manchmal eine schleifenförmige Bewegung am Himmel. Sie bewegen sich zwar langsam von West nach Ost, aber manchmal stehen sie still unter den Fixsternen und kehren sogar ihre Bewegungsrichtung um, bewegen sich also von Ost nach West, bis sie erneut kurze Zeit stillstehen und dann wieder nach Osten laufen.

Diese Bewegungen erklärte man mit einem sehr komplizierten System, den Epizykeln. Claudius Ptolemäus (100–160 n. Chr.) verfeinerte diese Theorie und deshalb sprechen wir heute vom „Ptolemäischen System". Unter Epizykel versteht man einen auf einem Kreis laufenden Kreis. Der Epizykel (Neben- oder Aufkreis) bewegt sich auf einem größeren Kreis, dem Deferenten. Zum ersten Mal findet sich diese Vorstellung bei Apollonios von Perge (Ende 3. Jahrhundert v. Chr.). Um die Beobachtungen wiederzugeben, wurde das System äußerst komplex. Der Erdmittelpunkt und der Mittelpunkt des Deferenten durften nicht zusammenfallen.

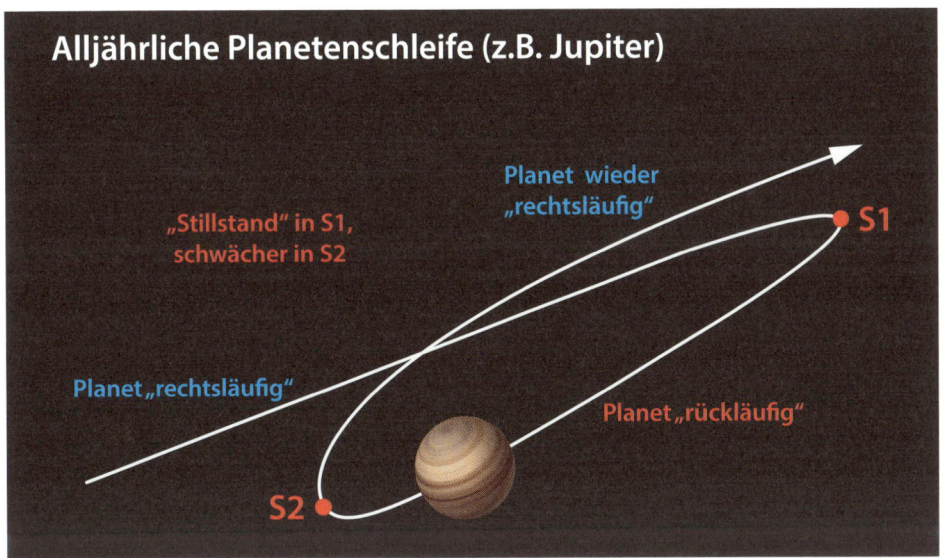

Alljährliche Planetenschleife (z.B. Jupiter)

Planet wieder „rechtsläufig"

„Stillstand" in S1, schwächer in S2

S1

Planet „rechtsläufig"

Planet „rückläufig"

S2

Die merkwürdige Schleifenbewegung der Planeten am Himmel.

Ptolemäus musste bereits bis zu 80 Epizykel einführen, um die immer genauer werdenden Beobachtungen der Planetenbahnen erklären zu können.

Aber man hatte auch eine andere Vorstellung vom Kosmos und der Stellung der Erde darin. Aristarch von Samos (310–230 v. Chr.) vertrat bereits ein heliozentrisches Weltbild, wonach sich Erde und Planeten um die im Zentrum befindliche Sonne bewegen. Leider gerieten diese Überlegungen in Vergessenheit und es dauerte bis 1543, als Kopernikus die heliozentrische Idee des Weltbildes wieder aufgriff und publizierte.

Wie kann etwas entstehen, wie kann etwas vergehen?

Aristoteles beschäftigte sich neben der Stellung der Erde und des Menschen im Kosmos in seiner Naturphilosophie auch mit der Problematik von Form und Materie. Er unterscheidet hierbei zwischen Form und Materie. Materie kann unterschiedliche Formen annehmen. In seiner Seelenlehre meint er unter dem Begriff etwas sei „beseelt", dass die Seele die Lebensfunktionen von Lebewesen bestimme. Er teilt dabei verschiedene Stufen des Wissens ein:

Wissen: eigentliches Wissen als rein menschliches Gut
Erfahrung: darüber verfügen auch die meisten Tieren
Erinnerung: darüber verfügen die meisten Lebewesen
Wahrnehmung: betrifft alle Lebewesen

Aristoteles, ein Schüler Platons. Er war auch Lehrer Alexanders des Großen.

Ptolemäus: Nach ihm wird das geozentrische Weltbild benannt, obwohl es schon vorher (u.a. von Aristoteles) vertreten wurde.

Im Lauf des 13. Jahrhunderts wurden die Schriften des Aristoteles zu Standardwerken an den Universitäten (scholastische Wissenschaft, an den Universitäten Paris und Oxford). Zur Verbreitung halfen sogenannte Kommentare, bekannt sind die Kommentare von Albertus Magnus. Einige Behauptungen des Aristoteles stießen, vor allem in Paris, auf kirchlichen Widerstand: Aristoteles sprach von der Ewigkeit der Welt, die Schöpfung spielte keine Rolle mehr. Auch behauptete er die absolute Gültigkeit der Naturgesetze.

Der Astronom Ptolemäus (etwa 100 bis 160 n. Chr.) fasste das astronomische Wissen seiner Zeit zusammen. Sein Hauptwerk findet sich im Almagest (griechisch μαθηματική σύνταξις). Das Werk umfasst 13 Bücher: Buch 1–2: Einführung in das ptolemäische Weltsystem, Buch 3: Theorie der Sonne, Buch 4–5: Theorie des Mondes, Buch 6: Finsternisse, Buch 7–8: Sterne, Buch 9–13: Bewegung der Planeten.

Die Grundsätze darin lauten:
- Das Himmelsgebäude hat Kugelgestalt und dreht sich wie eine Kugel.
- Ihrer Gestalt nach ist die Erde, als Ganzes betrachtet, gleichfalls kugelförmig.
- Ihrer Lage nach nimmt sie als Zentrum die Mitte des ganzen Himmels ein.
- Ihrer Größe und Entfernung nach ist sie im Verhältnis zur Fixsternsphäre wie ein Punkt.
- Die Erde vollzieht ihrerseits keinerlei Ortsveränderungen verursachende Bewegungen.

Die Hauptpunkte des Weltbildes nach Aristoteles und Ptolemäus sind die folgenden:

- Die Erde steht im Mittelpunkt des Kosmos.
- Sonne, Mond, Merkur, Venus, Mars, Jupiter und Saturn bewegen sich um die Erde.
- Die Planeten oder Wandelsterne haben eine perfekte Kugelgestalt.
- Die Wandelsterne sind an Kristallschalen befestigt, damit sie nicht vom Himmel fallen.
- Die Wandelsterne bewegen sich auf idealen Kreisbahnen.
- Die Sterne sind alle an der äußeren Kristallschale befestigt und somit alle gleich weit entfernt.
- Die Sterne bewegen sich auf ihrer Kristallschale um die Erde.

Kometen tauchen meist plötzlich auf, sie sind nicht vorhersagbar (abgesehen von den periodisch wiederkehrenden Kometen wie der Halleysche Komet). Kometen passen also nicht in das System der Kugelschalen und man glaubte, es handle sich um Erscheinungen in der äußeren Erdatmosphäre.

Erste Vermessungen der Welt

Wie schon erwähnt, war es ein besonderes Verdienst der griechischen Philosophen, mithilfe von Mathematik neue unwiderlegbare Erkenntnisse zu gewinnen. Eratosthenes von Kyrene (zwischen 276 und 273 v. Chr.–194 v. Chr.) gilt als Begründer der wissenschaftlichen Geographie. Er leitete die berühmte Bibliothek von Alexandria. Er versuchte außerdem, den Erdumfang zu bestimmen und erläutert dies in seiner Schrift „Die Vermessung der Erde".

Doch wie lässt sich die Größe der Erde ohne Satelliten, die die Erde umkreisen, ohne GPS-Navigation bestimmen? Es gab damals ja weder Teleskope noch Weltumsegelungen und natürlich keine Computer. Eratosthenes von Kyrene erhielt sein Wissen über die Erde und unsere Stellung im Kosmos wiederum durch Beobachtung des Himmels. Seine Methode führt verblüffend einfach zu einem ziemlich genauen Wert für die Größe der Erde.

Es war bekannt, dass die Sonne zur Zeit der Sommersonnenwende in der Stadt Kyrene, dem heutigen Assuan, um die Mittagszeit von einem tiefen Brunnen aus gesehen werden konnte. Das bedeutet, dass sich die Sonne in Kyrene genau im Zenit befinden musste. Von der nördlicher gelegenen Stadt Alexandria war es aber nicht möglich, dass ein Sonnenstrahl um dieselbe Zeit den Brunnenboden berührte. Hier erreicht die Sonne ihre Höchststellung also nicht im Zenit.

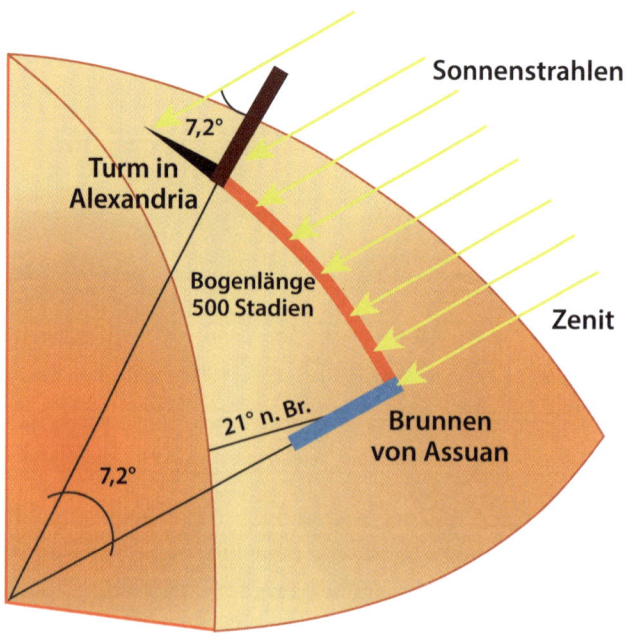

Die Methode des Eratosthenes zur Bestimmung des Erdumfanges. In Alexandria ist die Sonne zu Mittag zur Zeit der Sommersonnenwende um 7,2 Grad vom Zenit entfernt. Eratosthenes bestimmte die Entfernung zwischen den beiden Städten zu 5 000 Stadien, 1 Stadie = 157 m.

Nun sind wir fast schon gerüstet, den Erdumfang aus diesen beiden Beobachtungen zu bestimmen. Wir müssen noch möglichst genau die Entfernung zwischen den beiden Städten kennen und unter der Annahme, die Erde sei eine Kugel, genügt eine einfache Schlussrechnung:
Die Entfernung Alexandria zu Kyrene verhält sich so zum Erdumfang wie der Abstand der Sonne vom Zenit gemessen von Alexandria aus zu 360 Grad (Vollkreis).

In Alexandria beträgt der gemessene Abstand der Sonne vom Zenit zur Zeit der Sommersonnenwende um die Mittagszeit 7, 2 Grad, also 7 Grad 12 Bogenminuten. Doch wann genau ist Mittag? Immer dann, wenn die Sonne am höchsten steht, also die Schatten am kürzesten sind. In Kyrene gibt es dann um die Mittagszeit zu Sommerbeginn keine Schatten mehr. Jetzt benötigen wir nur noch die Distanz zwischen den beiden Städten, sie beträgt 835 Kilometer. Eratosthenes bestimmte den Erdumfang als 50fachen Wert der Distanz zwischen Alexandria und Kyrene, der Fehler zum heute berechneten Wert beträgt nur 4 Prozent, der Erdumfang ergab sich also grob mit 40 000 Kilometern.
Man beachte, dass zur Bestimmung des Erdumfanges die Position der Sonne – es würde aber auch mit anderen Sternen funktionieren – genügt. Eratosthenes bestimmte

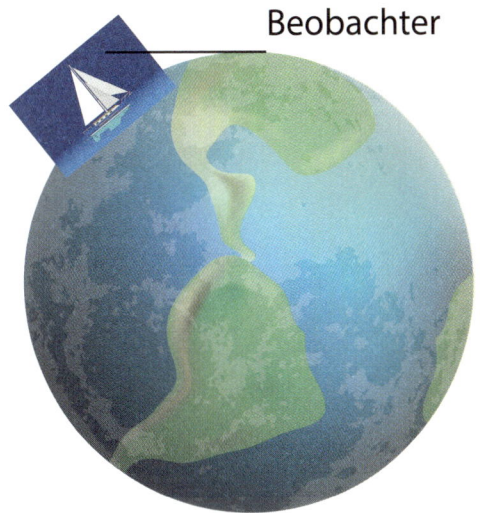

Beobachter

Infolge der Erdkrümmung sieht ein Beobachter bei extrem guten Wetterbedingungen zuerst die Spitze eines Segelmastes auf dem Meer.

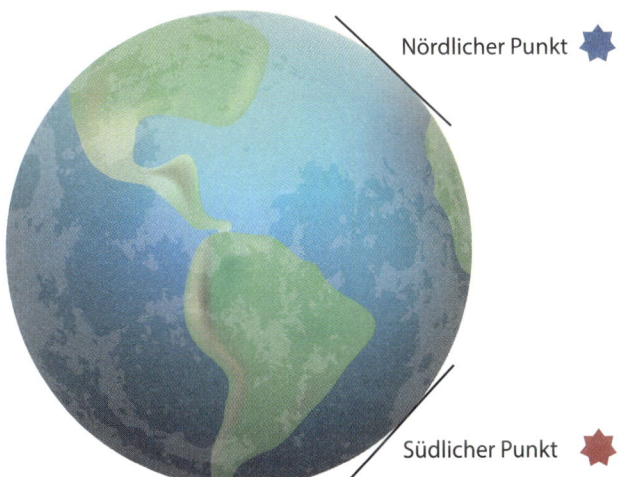

Nördlicher Punkt

Südlicher Punkt

Von einem nördlichen Punkt der Erde aus sieht man den blauen Stern, nicht jedoch den roten Stern, der nur von einem südlichen Punkt aus zu sehen ist. Der Horizont ist als Tangente am Beobachtungsort eingezeichnet.

auch die Schiefe der Ekliptik, also die Neigung der scheinbaren Sonnenbahn gegen den Erdäquator, den man sich an den Himmel projiziert vorstellen kann. Der gemessene Wert beträgt in etwa 23,5 Grad. Die Sonne ist also für die Nordhalbkugel der Erde zu Sommerbeginn 23,5 Grad nördlich des Himmelsäquators, zu Winterbeginn 23,5 Grad südlich. Zur Frühlings- und Herbsttagundnachtgleiche steht sie genau am Himmelsäquator. Dann sind Tag und Nacht gleich lange (Äquinoktium).

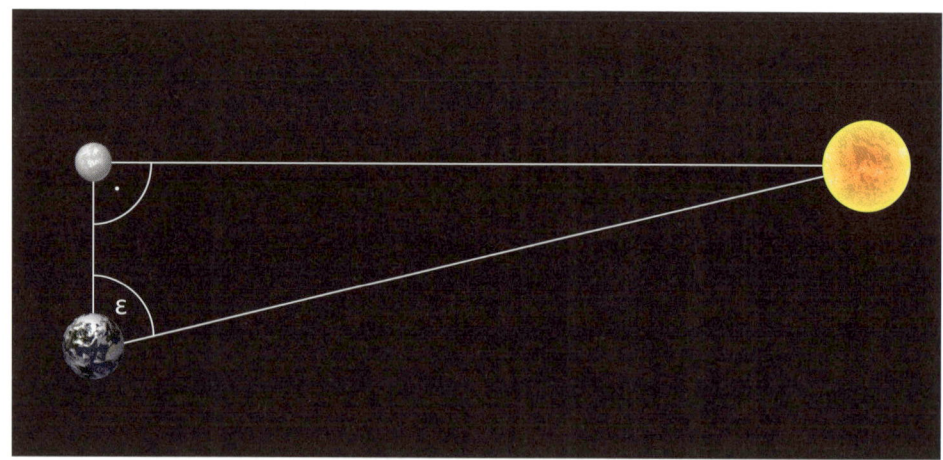

Methode des Aristarch zur Bestimmung der Entfernungen Erde–Mond und Erde–Sonne.

Die Griechen gingen also von einer Kugelgestalt der Erde aus. Einfache Beobachtungen untermauerten diese Ansichten: Von einem weit entfernten Schiff sieht man infolge der Erdkrümmung bei allerbesten Bedingungen zunächst nur den hohen Schiffsmast.

Befindet man sich weiter im Süden, sind Sterne, die für weiter nördlich gelegene Gebiete nur knapp über dem Südhorizont stehen, höher am Himmel, Sterne, die dagegen knapp über dem Nordhorizont stehen, sind verschwunden, also unter dem Horizont.
Bei einer totalen Mondfinsternis ist der Schatten der Erde immer kreisförmig.

All diese Beobachtungen lassen sich ganz einfach unter der Annahme, die Erde sei eine Kugel, erklären.
Die Vorstellung von einer Kugelgestalt der Erde findet sich übrigens auch bei Aristoteles.

Aristarch von Samos (um 310–um 230 v. Chr.) wollte wissen, ob Sonne und Mond gleich weit von uns entfernt sind. Beide Himmelskörper erscheinen von der Erde aus betrachtet gleich groß, ihr jeweiliger Winkeldurchmesser am Himmel beträgt etwa ein halbes Grad. Es gibt leider nur ein einziges Werk von Aristarch, das bis heute erhalten ist: „Über die Größe und Abstände von Sonne und Mond".

Wie kann man also das Verhältnis zwischen der Entfernung von der Erde zum Mond und der Entfernung von der Erde zur Sonne bestimmen, oder anders gefragt, um wie viel Mal ist die Sonne weiter entfernt als der Mond? Befindet sich der Mond genau im ersten oder letzten Viertel (er erscheint uns dann als Halbmond), beträgt vom Mond aus gesehen der Winkel zwischen Erde und Sonne genau 90 Grad. Der Mond ist dann aber von der Erde aus gesehen nicht exakt 90 Grad, sondern etwas weniger als dieser Wert von der Sonne am Himmel entfernt. Genau diesen Winkel ε muss man daher möglichst exakt bestimmen.

Aristarch bestimmte den Winkel mit 87 Grad. Damit ergab sich, dass die Sonne 19 Mal weiter von uns entfernt sein musste als der Mond. Da wie gesagt beide Himmelskörper gleich groß am Himmel erscheinen, musste die Sonne also in Wirklichkeit den 19fachen Monddurchmesser besitzen.

Der richtige Wert ist zwar 400, allerdings konnte Aristarch durch diese einfache Überlegung schon vor mehr als 2 000 Jahren zeigen, dass die Sonne größer und weiter entfernt ist als der Mond. Im Prinzip sind seine Überlegungen auch völlig richtig gewesen, die Schwierigkeit bestand darin, einerseits den genauen Zeitpunkt der Phase des ersten oder des letzten Viertels zu ermitteln und andererseits den Winkel am Himmel zwischen Sonne und Mond genau zu bestimmen. Wahrscheinlich veranlasste die Erkenntnis, dass die Sonne 19 Mal so groß sein musste wie der Mond, Aristarch anzunehmen, nicht die Erde, sondern die Sonne befinde sich im Zentrum des Kosmos. Bei Aristarch finden wir also, wie schon erwähnt, zum ersten Mal das heliozentrische Weltsystem.

Anhand der Methode des Eratosthenes und des Aristarch zeigte sich, wie diese griechischen Gelehrten erstmalig in der Menschheitsgeschichte konkrete Messungen verwendeten, um wissenschaftliche Erkenntnisse zu gewinnen. „Wissenschaftlich" bedeutet in diesem Sinn, dass die Größen von anderen ebenso bestimmbar und messbar sein müssen, also nicht auf bloßen Vermutungen basierten.

Der Platz im Kosmos
aus der Sicht der Antike und des Altertums

Schon immer stellte sich die Menschheit die Frage nach ihrem Platz im Kosmos, in der Welt. Seit jeher galt der Blick zum Himmel als etwas Besonderes. Die Beschäftigung mit den Bahnen von Sonne und Mond erlaubte die Erstellung eines Kalenders. Ein Jahr hängt mit einem Umlauf der Erde um die Sonne zusammen, Monat und Mondumlauf sind ebenfalls eng verbunden. Diese Zusammenhänge waren jedoch – wenn überhaupt – nur ansatzweise bekannt.

Man erklärte sich die Naturphänomene als göttliche Wirkungen, die Götter selbst wurden Sternen (meist hellen Planeten) gleichgesetzt. Außerdem glaubte man, dass es jenseits der Erde völlig andere Formen von Materie gäbe. Erst die Griechen bedienten sich der wissenschaftlichen Methode und gelangten zu erstaunlichen Erkenntnissen. Die Erde ist nicht flach, also eine Scheibe, sie ist eine Kugel. Sonne und Mond sind nicht gleich weit von uns entfernt. Man kannte schon Zusammenhänge und konnte bestimmte Planetenstellungen und Finsternisse vorhersagen. Leider ging ein Teil dieses Wissens für lange Zeit verloren und mit dem Werk des Ptolemäus wurde das geozentrische Weltsystem endgültig für fast 1 500 Jahre einzementiert und kaum in Frage gestellt. Der Mensch betrachtete sich als wahres Geschöpf Gottes und deshalb mussten er und die Erde einen besonderen Platz im Universum einnehmen, den Mittelpunkt. Alle anderen Körper sollten sich um die ruhende Erde bewegen.

Alexander der Große

Was wusste man im antiken Griechenland über die Größe der Erde, über andere Kontinente? Alexander der Große erweiterte das geografische Weltbild der Griechen durch seine Eroberungszüge und ließ das griechische Reich für kurze Zeit zu einem Weltreich aufsteigen. Er lebte von 356 bis 323 v. Chr. und war König von Makedonien und Hegemon des Korinthischen Bundes. Dieser Bund wurde 337 v. Chr. gegründet. Zuvor waren die griechischen Stadtstaaten (allen voran Athen, Sparta und Theben) untereinander zerstritten. Der Makedonenkönig Philipp II. gründete den Bund, um gestärkt und vereint gegen die Perser zu kämpfen.

Unter Alexander dem Großen wurden die Grenzen des griechischen Reiches wesentlich ausgedehnt. Es erstreckte sich bis nach Indien. Er besiegte die Perser unter deren König Dareios III. in der Schlacht bei Issos. Er eroberte auch Ägypten und wurde dort vom Pharao begrüßt. Der sogenannte Hellenismus begann mit seiner Regierungszeit. Sein Erzieher war Aristoteles.

Wir betrachten hier besonders das Weltbild Alexanders. Es war für ihn nicht wichtig, ob die Erde eine Kugel, eine Scheibe oder gar ein Zylinder ist. In vielen

Der Einzug Alexanders in Babylon, Gemälde von Charles le Brun (1661–1665).

Darstellungen findet sich die Erde als Scheibe, das Land ist umgeben von einem Ozean, dem Okeanos. Aber bereits Herodot (von 490/480 v. Chr. bis 430/420 v. Chr.) hat diese Vorstellung angezweifelt, denn es war keineswegs klar, ob es auch im Norden einen solchen Ozean gab.

Ziel der Eroberungszüge Alexanders war es, Weltherrscher zu sein. Sein Reich fiel aber nach seinem Tod schnell auseinander. Doch die Vorstellungen über ferne Länder erweiterten sich durch seine Feldzüge wesentlich.

Weltkarte nach Herodot.

Das Weltbild im Mittelalter und in außereuropäischen Kulturkreisen

Basilius

Wie schon erwähnt, war das geozentrische Weltbild mit der Erde im Mittelpunkt deshalb so verbreitet und anerkannt, weil es genau das wiedergibt, was wir alle täglich beobachten können. Sterne, Mond, Sonne, Planeten gehen auf und unter, bewegen sich im Lauf der Zeit über den Himmel. Was liegt näher, als anzunehmen, dass wir uns im Mittelpunkt befinden. Ein weiterer wichtiger Aspekt dieser Vorstellung vom Kosmos und der Rolle des Menschen war, dass es nicht der Bibel widersprach. Deshalb wurde dieses Weltbild auch von der christlichen Kirche übernommen und verteidigt. Der Kirchenvater Basilius der Große lebte von 330 bis 379. Er wurde durch seine Fastenpredigten bekannt, verkaufte während einer Hungersnot seine Güter und verteilte auch selbst Speisen an Bedürftige. Basilius machte auch keinen Unterschied zwischen Christen und Juden, da beide, wie er sich ausdrückte, dieselben Eingeweide haben. In der Fastenzeit hielt er Predigten über die Schöpfungsgeschichte. Er erklärte den einfachen Menschen komplizierte Vorgänge wie die Entstehung des Regens als einen Vorgang ähnlich wie bei einem Wasserkessel über Feuer. Außerdem erklärte er beispielsweise, dass der Tidenhub über der Nordsee größer sein müsse als im Mittelmeer.

Die biblische Schöpfungsgeschichte

Es gibt zwei Schöpfungsgeschichten, die man im ersten Buch Mose findet. Die Priesterschrift erzählt die Geschichte Israels von der Erschaffung der Welt (Gen 1,1) bis zum Tod Mose (Dtn 34,7-9).
Zunächst herrschte das Chaos. *Am Anfang erschuf Gott Himmel und Erde. Die Erde war wüst und wirr, Finsternis lag über der Urflut, Gottes Geist schwebte über dem Wasser. Dann erfolgte die Schöpfung durch das Wort. Gott sprach: es werde Licht und es wurde Licht.* (Gen 1,1) Mit „Himmel und Erde" ist das gesamte Universum gemeint.

Dann folgt die eigentliche Schöpfung in 6 Tagen:

1. Tag: Urflut und das Licht und Dunkelheit; damit entstanden Tag und Nacht
2. Tag: Scheidung des Wassers in oberhalb und unterhalb des Himmelsgewölbes
3. Tag: Land, Meer und Pflanzen
4. Tag: Sonne, Mond und Sterne
5. Tag: Tiere des Wassers und Vögel
6. Tag: Landtiere und Menschen

Was hier auffällt, ist, dass das Licht bereits am ersten Tag erschaffen war, die Sonne aber erst am vierten Tag. Nach der Bibel ist der Mensch Ebenbild Gottes und hat daher eine besondere Stellung gegenüber allen anderen Lebewesen. Er ist auch von Gott ermächtigt, über die Natur zu herrschen. Am siebten Tag tritt Gott dann in den Hintergrund, er „betrachtete die Schöpfung und sah, dass sie gut war". Diese Darstellung geht zurück auf die Priesterschrift, die frühestens während des babylonischen Exils des Volkes Israel (586–538 v. Chr.) entstand. Im Jahr 597 wurden Jerusalem und das Königreich Juda von Nebukadnezar II. erobert. Mehrere Tausend Personen, vor allem Angehörige der Oberschicht mussten nach Babylon umsiedeln, wo sie aber ein normales Leben führen durften. Die Schöpfungsgeschichte wurde von Priestern Jerusalems verfasst. Wahrscheinlich versuchte man dadurch, die eigene Identität während der Fremdherrschaft unter Nebukadnezar zu bewahren. Nachdem der Perserkönig Kyros II Babylon erobert hatte (539 v. Chr.), konnten die Juden nach Jerusalem zurückkehren.

Die jahwistische Schöpfungsgeschichte ist älter, vielleicht um 900 v. Chr. Sie entstand zur Zeit Salomons in Israel. Der Urzustand ist hier nicht Leere, Finsternis, Urflut (Wasser), sondern Ackerboden, Wüste, trockenes Land. Die Welt wurde in nur einem Tag erschaffen. Am Anfang gab es nur Adam und aus seiner Rippe Eva. Der Mann galt als Bebauer und Hüter, die Frau als Hilfe. Erst gab es den Körper, dann den Geist, Tiere sind das Gegenüber des Menschen. Der Schöpfungsakt selbst ist quasi eine handwerklich ausgeübte Arbeit im Gegensatz zur Priesterschrift (hier ist es das Wort).

Der Große Geist

Die Schöpfungsmythen der indigenen Bevölkerung Nordamerikas beinhalten einen Vater und eine Mutter. Der Große Geist, Wakan Tanka, war der Vater, die Erde die Mutter. Man glaubte auch an eine grundsätzliche Verbundenheit der Menschen mit dem Kosmos, ähnlich wie bei den alten Kulturen in Ägypten, Mesopotamien. Tier und Mensch haben die gleiche Würde. Tier und Jäger sind Teil einer kosmischen Einheit. Ein Jäger bringt seiner getöteten Beute großen Respekt entgegen.
Das Verständnis der Welt ist in den verschiedenen Stämmen Nordamerikas ähnlich. So gibt es keine Trennung zwischen Materie und Geist, zwischen dem, was in Wirklichkeit existiert und dem Übernatürlichen, dem Belebten und dem Unbelebten. Alles, was existiert, besitzt eine spirituelle Kraft.
Selbst der Himmel ist von Geistern bewohnt. Es gibt Geister der Sonne, des Mondes, der Sterne, des Windes, der Berge, der Felsen, der Flüsse … Es herrscht ein kosmisches Gleichgewicht, eine kosmische Harmonie.

Das Verbreitungsgebiet der Sioux. Die Lakota sind
der westlichste Dialekt der Sioux-Stammesgruppen.

Im Mythos der Lakota hat Wakan Tanka eine weiße Frau in schönem Gewand ge-
sandt. Sie brachte ihnen eine zweiteilige Pfeife mit, die das Universum symbolisierte. Der Pfeifenkopf war die Erde mit all ihren Geschöpfen und der Pfeifenstiel
die Verbindung zum Himmel. Er trägt die Gebete zu den Geistern und Ahnen und
vermittelt spirituelle Kraft. Sie überreichte den Sioux noch die sieben Riten, diese
spielen eine zentrale Rolle. Die Riten sind der Sonnentanz, die Visionssuche, Reini-
gungsriten in der Schwitzhütte, Bestattungsriten und die Mädchenpubertätsriten.
Als diese Geschenke übergeben waren (den Sioux Indianern) verwandelte sich die
Frau in ein weißes Bisonkalb und verschwand.

Schöpfungsmythos der Hopi

Etwa 7 000 Zugehörige der Hopi leben heute in einem Reservat im nordöstlichen Arizona, USA.

In der Überlieferung der Hopi gibt es vier Welten. Vor der Erschaffung der Erde lebten die Geister in einem grenzenlosen Raum. Dieser wird Tokpela genannt. Die Erde wurde geschaffen und Geister nahmen menschliche Gestalt an. Der Schöpfer bestimmte davon einige, die auf der Erde leben sollen. Aber diese Menschen gehorchten ihrem Schöpfer nicht und die erste Welt wurde durch Feuer vernichtet, nur die Guten überlebten.

So entstand eine zweite Welt. Aber die Menschen wurden wieder ungehorsam und böse und diese Welt wurde mit Eis und Schnee vernichtet.

Die dritte Welt war nicht mehr so schön wie die vergangenen, aber zunächst gab es dort nur zufriedene Menschen. Aber auch diese wurden böse und hörten nicht mehr auf ihren Schöpfer. Einige gute Menschen wollten in einer anderen Welt leben und fanden so die vierte Welt, unsere heutige Welt. In dieser lebt Masau, der Hüter.

Laut Hopi stehen wir am Beginn einer fünften Welt, gewisse Prophezeiungen seien bereits eingetreten, die dies ankündigen. So wird von einem „Kürbis der Asche" gesprochen. Dies wird als Atombombe gedeutet. Es wird auch von einem Haus berichtet, wo sich alle Völker treffen. Dies wird als das UN-Gebäude in New York interpretiert. Die vierte Welt soll zerstört werden durch weltweite Verbrennungen und nur Menschen, die es nicht verlernt haben mit der Natur zu leben, könnten überleben.

Das Weltbild der Maya

Während der letzten Eiszeit wanderten asiatische Völker von Sibirien über die Beringstraße und besiedelten vor mehr als 15 000 Jahren den amerikanischen Kontinent. Erste Funde aus der Mayakultur Mittelamerikas reichen bis 2000 v. Chr. Die Hochzeit der Mayakultur war zwischen 400 und 900 n. Chr. 1524 kam es dann zur Eroberung durch die Spanier. Es gab eine kleine Elite mit viel Macht, bestehend aus König, Priestern und Schamanen. Diese konnten mit den Göttern in Kontakt treten.

In der Block-Bilderschrift der Maya gab es etwa 800 Zeichen, die noch nicht alle enträtselt sind. Die Maya erstellten sehr genaue Planetenberechnungen und den Mayakalender, der sehr große Zyklen kennt. Es gab mehrere Kalendersysteme, wie den Haab-Kalender mit 365 Tagen; Tag der Schöpfung war der 13.8.3114 v. Chr. Tzolkin war der Langzeitkalender, der für rituelle Zwecke verwendet wurde.

Das Weltbild der Maya-Kultur war ein dreiteiliges. Es gibt Himmel, Erde und die Unterwelt. Auf der Erde wohnen die Menschen, die Götter sind entweder im

Tikal, Tempelpyramide der Maya.

Himmel oder in der Unterwelt. Eine wichtige Rolle spielt auch der Weltenbaum *wakah-chan*. Er verbindet die Erde mit dem Himmel und der Unterwelt. Die Seelen der toten Maya wandern zu den Göttern. Die Götter haben alles geschaffen, Himmel, Erde und den Weltenbaum. Der Weltenbaum verhindert auch, dass der Himmel auf die Erde stürzt. Mit den Wurzeln des Weltenbaumes können die Seelen in die Unterwelt (*Xibalba*), mit den Zweigen in den Himmel gelangen.

Interessant ist auch, dass die Städte nach den Vorstellungen über das Universum angelegt wurden. In der Mitte befindet sich der Weltenbaum, im Osten die Geburt (Sonnenaufgang), im Westen der Tod (Sonnenuntergang), im Norden (Zenit) der Höhepunkt des Lebens und im Süden (Nadir) findet der Kampf um die Wiedergeburt statt.

Das Weltbild der Azteken

Auch dieses mittelamerikanische Volk kannte bereits den Kalender. Es gab zwei Arten von Kalendern. Einen Kalender zu 260 Tagen, der in 13 Abschnitte zu je 20 Tagen eingeteilt war. Dieser Kalender, *tonalpohualli* genannt, diente für den täglichen Gebrauch und die Wahrsagerei. Außerdem gab es einen Sonnenkalender, der sich am Lauf der Sonne orientierte, mit 365 Tagen. Man teilte das Jahr in 18 Abschnitte mit jeweils 20 Tagen ein. Die übrigen 5 Tage wurden als unnütz angesehen. Hier sollte man vorsichtig sein und besondere Aktivitäten vermeiden. Das Sonnenjahr wurde als *xihuitl* bezeichnet.

Die Azteken sind berüchtigt für ihre Menschenopfer. Ob diese Schilderungen von den spanischen Eroberern übertrieben wurden (Eroberung zwischen 1519 und 1521 durch den Spanier Cortez), ist nicht mehr nachvollziehbar. Meist wurden gefangene Krieger, Sklaven und Kinder geopfert. Dabei wurde den Opfern auf der Spitze einer Pyramide lebend das Herz herausgeschnitten. Manchmal wurden die restlichen Leichenteile gebraten und verzehrt. Die Azteken führten oft sogenannte Blumenkriege mit anderen Völkern. Dabei wurde nicht getötet, sondern gefangen genommen und die Gefangenen dienten dann als Opfer für die Götter, damit die Sonne wieder verlässlich aufgeht. Kinder wurden in Käfigen zum Weinen gebracht, um den Regengott Tlaloc günstig zu stimmen.

Der berühmte Kalenderstein der Azteken.
Er wiegt 24 Tonnen und besitzt 20 Tageszeichen.

Quetzalcoatl war der Gott des Windes, des Himmels und der Erde. Er galt als Schöpfergott. Im Morgenstern (Venus) sah man sein Herz. Nach seiner Abreise über den Atlantik sollte er einst wiederkehren. Deshalb dachte der Herrscher Moctezuma II., dass es sich bei den spanischen Eroberern unter Hernan Cortez um Gesandte dieses Gottes handeln könnte und die Spanier wurden zunächst sehr freundlich aufgenommen, was sich als äußerst verhängnisvoll herausstellen sollte. Quetzalcoatl wurde bei den Maya unter dem Namen Kukulcan verehrt.

Quetzalcoatl als gefiederte Schlange.

Das Weltbild der Inka

Der Inka-Kalender war auf praktische Bedürfnisse ausgerichtet und diente den Menschen als Orientierung für ihre Aktivitäten im Lauf eines Jahres. Das Jahr endet mit unserem Monat November und beginnt im Dezember. Auch hier hatte man 365 Tage, wobei es 12 Monate zu je 30 Tagen gab. Die 5 Zusatztage waren arbeitsfrei. Das Zentrum der Inkakultur war Cusco im Hochgebirge des heutigen Peru. Die größte Ausdehnung vom heutigen Ecuador bis Chile und Argentinien erreichte das Reich um 1530.

Es gab mehrere Inka-Stämme, jeder Stamm leitete seine Herkunft von einem heiligen Ort, einem heiligen Stern oder einem heiligen Tier ab. Jeder Ort hatte ein heiliges Gegenstück am Sternenhimmel. Sonne und Mond wurden verehrt als ein sich befruchtendes Paar. Der Sonnentempel in der Hauptstadt Cusco war das allergrößte Heiligtum, die Inkas betrachteten sich als Kinder der Sonne. Mama Killa war die Göttin des Mondes, auch Venus genoss eine besondere Verehrung.
Man findet auch einige interessante Parallelen zum antiken Griechenland. Chascacollyo war die Schöne, vergleichbar mit Venus. Acayoch war der Kriegsgott, vergleichbar mit Mars, Peruya war der Herr des Überflusses und ist mit Jupiter vergleichbar. Der Gott der Gerechtigkeit und Vergeltung, der auch als Vater der Zeit gilt, war Aucha. Hier finden wir wiederum eine Parallele zum Saturnus.
Die Inka glaubten an eine Erde (Pachamama), die auf dem Meer (Mamaqucha) ruht. Das Meer sei die Unterwelt, über der Erde erhebt sich der Himmel. Berge sind Bindeglied zwischen Erde und Himmel. Der Titicacasee galt als Mittelpunkt der Welt.
Gab es große Not, etwa während Dürreperioden, dann opferten die Inkas auch Menschen, um die Götter wieder gnädig zu stimmen.

Bei Sonnenaufgang zur Wintersonnenwende (22. Juni) gab es nach ihrem Glauben eine Brücke zwischen dem Horizont und der menschlichen Welt. Nach einer Erzählung soll ein Lama einem Schäfer eine Sintflut im Sternbild Lama angekündigt haben. Dieses Sternbild ist fast ident mit unserem bekannten Wintersternbild Orion. Der Schäfer sollte sich mit einer Herde auf dem Berg Vilcacoto in Sicherheit bringen. Die Rückkehr des Siebengestirns der Plejaden wird genau über diesem Berg angekündigt. Da die Plejaden am südlichen Sternenhimmel in diesen Breiten etwa vier Wochen nicht zu sehen sind, wurde diese Zeit als eine Spanne angesehen, in der die Sonne keine Kraft hat. Sie galt auch als Erntezeit. Die Rückkehr der Plejaden wurde mit einem großen Fest gefeiert, Unquymita.

Es soll eine Sintflut gegeben haben, genau zu dem Zeitpunkt als nach dem Inkakalender die Plejaden 4 Wochen vor der Wintersonnenwende erstmals wieder morgens am Horizont zu sehen waren. Daraus ergibt sich das Jahr 650 v. Chr. Die Milchstraße war dann nicht mehr zu sehen, man interpretierte dies als ein Zuschlagen des Tores zu den Göttern. Alle Tiere flohen vor der Flut, nur der Fuchs rutschte ab und sein Schwanz wurde nass. Deshalb wird der Schwanz des Fuchses bis heute schwarz dargestellt. Die Plejaden befinden sich übrigens im Inka-Sternbild Fuchs. Man kann das untere Ende dieses offenen Sternhaufens als Schwanz des Fuchses sehen.

Die Inkafestung Machu Picchu.

Die Plejaden, ein auch bei uns im Spätherbst und Winter gut zu sehender offener Sternhaufen. Er gehört zum Sternbild Stier, Taurus. Die Nebel um die Sterne zeigen an, dass sich diese Sterne erst vor wenigen Millionen Jahren gebildet haben.

Der Schöpfergott Wiraqucha soll mit seiner Frau Mamaqucha (Mutter Meer) einen Sohn (Inti, Sonne) und eine Tochter (Mama Killa, Mond) gehabt haben. Alle Menschen bis auf zwei wurden bei einer Sintflut um den Titicacasee getötet (manchmal auch ist von acht die Rede).

Die Milchstraße wurde als Verbindung zwischen den Lebenden und den Toten verstanden. Die Inka besaßen erstaunliche Kenntnisse über Planetenkonjunktionen. Man wusste beispielsweise, dass die Planeten Jupiter und Saturn alle 20 Jahre nah beieinander am Himmel stehen.

Wiraqucha, ein Inkagott, der als Schöpfer der Welt sehr verehrt wurde.

Kein Anfang und kein Ende: Hinduismus

Im Hinduismus gibt es keinen Anfang und kein Ende, sondern einen ewigen Kreislauf. Brahman, der große Schöpfer, setzt alles immer wieder neu zusammen. So entstehen Sterne, Planeten, aber auch Lebewesen. Der Gott Vishnu erhält das Erschaffene, Shiva zerstört es wieder. Somit kann wieder etwas Neues entstehen. Niemals jedoch geht etwas verloren. Das Universum bestand seit Ewigkeit. Dies ist in den Veden (Rigveda), einer religiösen hinduistischen Textsammlung, aufgezeichnet. Was ist die Stellung des Menschen in dieser ewigen Welt? Der Mensch ist auch bei den Hindus ausgezeichnet. Er kann gut oder böse handeln, weiß um sein Handeln und hat die Willensfreiheit. Er wird ewig wiedergeboren. Durch gute Lebensweise und Meditation kann er seinen Geist von der ewigen Wiedergeburt befreien. Die Taten der Gegenwart bestimmen das spätere Schicksal und die künftige Stellung des Menschen.

Immer dann, wenn Dharma (die Weltordnung) gefährdet ist, zeigt sich Vishnu in verschiedenen Manifestationen. Um Dharma im Sinne einer gerechten kosmologischen und menschlichen Ordnung zu schützen, inkarniert er immer, wenn die Weltordnung ins Schwanken zu geraten droht, auf der Erde. Diese Inkarnationen werden Avataras genannt. Avatar kommt von *ava*, was so viel wie „hinab" bedeutet und *tar* was „überqueren" bedeutet. Das höchste Prinzip (Brahman) steigt herab und nimmt die Gestalt eines Menschen oder Tieres an (nach *Anneliese und Peter Keilhauer: Die Bildsprache des Hinduismus. Die indische Götterwelt und ihre Symbolik).*

Ananta ist die kosmische Schlange im Milchozean, auf ihr ruht sich Vishnu zwischen den Weltphasen aus. Die Schlange ist der Urozean. In sie zieht sich alles zurück, wenn die Welt aufgelöst wird, aus ihr entsteht eine neue Welt.

Shiva wird im Süden Indiens tanzend auf Apasmara, den Dämonen der Unwissenheit dargestellt. Im Tanz zerstört Shiva die Unwissenheit und das ganze Universum. Sie baut es aber auch wieder neu auf. Wenn Shiva aufhört zu tanzen, dann geht die Welt unter. Aber Shiva wird ewig tanzen. Zerstörung und Wiederaufbau – im Hinduismus herrscht ein zyklisches Zeitverständnis.

Das Weltbild im Hinduismus zeigt also einige sehr interessante Aspekte auf: Es gibt weder Anfang noch Ende der Welt, alles läuft in sehr großen Zyklen ab.

Vishnu sitzend auf der Ananta-Schlange.

Vom Mittelalter
in die Neuzeit

Das Mittelalter in Europa wird oft als dunkles Kapitel beschrieben, in dem Wissenschaft und Fortschritt stillstanden. Zeitlich kann man diesen Abschnitt etwa vom 6. bis zum 15. Jahrhundert eingrenzen. Die Spätantike endet mit dem Zusammenbruch der großen politischen und kulturellen Einheit Europas. Im Osten entstand das Byzantinische Reich, im Westen formierten sich neue Reiche, das Frankenreich, das Reich der Westgoten (auf der iberischen Halbinsel), das Reich der Angelsachsen sowie slawische Reiche. Es war eine sehr unruhige Zeit. Im 7. Jahrhundert entstand der Islam und breitete sich durch die arabischen Eroberungen in Mittelasien, Nordafrika und Südeuropa aus. Mit der Reconquista wurden die spanischen Gebiete und Gebiete in Süditalien/Sizilien wieder christlich. Nach Südosteuropa drangen seit dem 14. Jahrhundert die Osmanen vor.

Die Menschen des Mittelalters sahen sich im Zeitalter *aetas christiana* (christliches Zeitalter), welches mit der Geburt Christi begann. Ihm waren andere Zeitalter vorausgegangen. Laut der Johannesapokalypse soll es sieben Perioden geben (Offb 6,1-17).

Der Beginn des Mittelalters kann auch mit dem Ende der Völkerwanderungszeit gleichgesetzt werden. Gegen Ende des Mittelalters gab es gewaltige Umwälzungen: 1450 wurde der Buchdruck erfunden, 1453 Konstantinopel erobert, 1492 Amerika entdeckt, 1517 begann die Reformation …

Im Mittelalter galt das geozentrische Weltbild.

Die Erde – doch nicht im Zentrum

Dass es bereits in der Antike Tendenzen gegeben hatte, dass die Erde vielleicht doch nicht das Zentrum des Universums sei, wurde bereits erwähnt.

Um die gesamte Entwicklung zu erklären, fehlt aber noch ein wichtiger Baustein: Der indische Astronom und Mathematiker Aryabhata (476–550) hatte erkannt, dass sich die Erde um die eigene Achse drehen müsse, die tägliche Bewegung der Gestirne ließe sich dann durch die Drehung der Erde erklären. Außerdem sagte er voraus, dass der Mond und die Planeten das Licht der Sonne nur reflektieren. Ohne Sonnenlicht würden Mond und Planeten nicht am Himmel leuchten. Er soll auch die Zahl 0 eingeführt haben, sowie Pi auf 4 Stellen genau bestimmt haben. Diese Zahl ergibt sich, wenn man den Umfang eines Kreises durch seinen Durchmesser dividiert.

Für ihn war auch klar, dass diese Zahl eine irrationale Zahl sein musste, also unendlich viele Nachkommastellen besitzt. Was ist eine irrationale Zahl? Rationale Zahlen sind Bruchzahlen, also z.B. ¼, ⅜ usw. Sie lassen sich durch Division zweier ganzer Zahlen darstellen. Irrationale Zahlen jedoch nicht. Die Zahl Pi lautet:

Pi = π = 3,1415926535 ...
Es gibt keine Bruchzahl, durch die man Pi darstellen könnte.

Im islamischen Kulturbereich hielt man an dem geozentrischen Weltsystem fest, verfeinerte aber die Berechnungsmethoden (Epizykel) auf sehr komplexe Art und Weise.

Insgesamt kamen aber immer mehr Zweifel an der Richtigkeit der geozentrischen Vorstellung auf.
Auch in Europa war das der Fall. Georg von Peuerbach (1423–1461, war Astronom an der Universität Wien) baute neue, verbesserte Messinstrumente, führte die Sinus-Funktion für astronomische Berechnungen ein und war der erste Universitätsprofessor für Astronomie überhaupt. Er erstellte mit seinem Schüler Regiomontanus sehr genaue Messungen von Planetenörtern. Darüber hinaus übersetzte er den Almagest des Ptolemäus neu, weil erkannt worden war, dass etwas bei der Bestimmung der Planetenörter nach dem ptolemäischen System nicht stimmen konnte. Daher zog er zur Übersetzung auch anstelle der arabischen Abschrift das griechische Werk heran. Von Peuerbach stammt eine neue Planetentheorie. Er dürfte bei seinen Überlegungen vom bekannten syrischen Astronomen Ibn asch-Schatir (1305–1375) beeinflusst worden sein.

Die Zeit wurde also langsam reif für einen Paradigmenwechsel. Die Vorstellung von einem Universum mit der Erde im Zentrum konnte nicht stimmen.

Das Mittelalter geht zu Ende, eine neue Zeit, von den Historikern als Neuzeit beschrieben, bricht an. Mit ihr erweitert sich auch das Bild des Menschen von seiner Umgebung.

Tod auf dem Scheiterhaufen

Es war nicht immer ungefährlich, für ein bestimmtes Weltbild einzutreten, was das Schicksal von Giordano Bruno zeigt, der von 1565 bis 1600 lebte. Er wurde in Rom von der Inquisition verurteilt und auf dem Scheiterhaufen verbrannt.
Bruno vertrat den sogenannten Pantheismus: Alles in der Natur stammt von der Energie Gottes. Hinter allen Dingen steckt Gott. Das wäre nicht unbedingt ein Widerspruch zur damaligen kirchlichen Lehrmeinung. Doch Brunos Gedanken gingen weiter. Er trat gegen das geozentrische Weltsystem auf und sagte öffentlich,

Denkmal G. Bruno auf dem Campo de' Fiori.

dass alles nur Zufall sei. Er verwendete auch den Begriff *Monade*, den später der Philosoph Leibniz übernommen hat. Eine Monade ist eine sehr kleine unteilbare Einheit. Aus Monaden soll sich das gesamte Universum zusammensetzen. Das erinnert an die moderne Atomtheorie. Noch ketzerischer war Brunos Überzeugung, wonach das Universum unendlich sein müsste und es auch anderswo Lebewesen als auf der Erde gäbe. Bei ihm finden sich auch erste Überlegungen zur Raumfahrt. Er unternahm „mit den Flügeln des Geistes Ausflüge zum Mond". Dies alles mündete in der Verurteilung Brunos am 8. Februar 1600. Er soll den Satz gesagt haben: „Mit größerer Furcht verkündet ihr vielleicht das Urteil gegen mich, als ich es entgegennehme" (*Maiori forsan cum timore sententiam in me fertis quam ego accipiam*).

Zum Tod wurde er allerdings nicht von der Kirche, sondern von einem weltlichen Gericht verurteilt und am 17. Februar 1600 auf dem Campo de' Fiori auf dem Scheiterhaufen verbrannt. Angeblich wurde ihm die Zunge festgebunden, damit er nicht mit dem Volk sprechen konnte.

Ein berühmtes Zitat von Bruno, das auf einer Tafel auf dem Potsdamer Platz in Berlin zu lesen ist: *Lachhaft zu sagen, außerhalb des Himmels sei nichts. Es gibt nicht eine einzige Welt, eine einzige Erde, eine einzige Sonne, sondern so viele Welten, wie wir leuchtende Funken über uns sehen.*

Seine Werke kamen auf den Index der verbotenen Bücher, erst 1966 wurden sie offiziell freigegeben. Papst Johannes Paul II. erklärte 2000 die Hinrichtung Giordano Brunos für Unrecht. Selbst Männer der Kirche seien im Namen des Glaubens und der Sittenlehre mitunter Wege gegangen, „die nicht im Einklang mit den Evangelien stehen".

Die Entdeckung Amerikas

Amerika war schon vor der „Entdeckung" durch europäische Seefahrer bekannt. Die erste Besiedelung des Kontinents erfolgte vor mehr als 12 000 Jahren. Wahrscheinlich kamen Bewohner Nordostasiens über die Beringstraße. Eine Besiedelung, die in noch früherer Zeit erfolgte, könnte auch über die südliche Pazifikküste von Ozeanien her erfolgt sein.

Aristoteles und auch Diodorus gaben an, die Phönizier seien bei ihren Fahrten nach Westen „jenseits der Säulen des Herakles" auf eine größere Landmasse gestoßen. Der arabische Geograph al Masudi (895–957) berichtete, der Andalusier Chaschchasch ibn Said ibn Aswad habe 889 den Atlantik überquert.
Um das Jahr 1000 dürfte eine Mannschaft unter dem Isländer Leif Eriksson amerikanischen Boden betreten haben. Die Erkundung des amerikanischen Kontinents durch europäische Seefahrer fand jedoch wie bekannt erst im 15. Jahrhundert statt.
Amerigo Vespucci (1451–1512) berichtete, er sei schon im Juni 1497 in Mexiko gewesen. Vespucci erforschte auf seinen späteren Fahrten große Teile Südamerikas. Er war auch als erster der festen Überzeugung, dass es sich bei der Landmasse um einen eigenständigen Kontinent handle, deshalb wurde der Kontinent nach ihm benannt. Er gab auch die Schrift *Novus Mundus* heraus (neue Welt).

Als Entdecker Amerikas gilt allerdings Christoph Kolumbus, er betrat am 12. Oktober 1492 karibische Inseln. Damit begann auch die Kolonisierung dieses Kontinents durch Europäer.
Christoph Kolumbus wollte Indien auf dem Seeweg erreichen. Es war damals nicht bekannt, dass es zwischen dem Atlantischen Ozean und Asien noch einen Kontinent gab. Bereits Aristoteles hatte die Vermutung geäußert, dass man auf dem Seeweg nach Westen Indien erreichen könnte. Das setzt natürlich eine Kugelgestalt der Erde voraus.
Kolumbus war ein italienischer Seefahrer. Er berichtet selbst, dass er schon mit 14 Jahren zur See fuhr. Er studierte an der Universität von Pacia Mathematik und Latein und erhielt so Grundkenntnisse der Navigation.
Es gab zu dieser Zeit einen Wettlauf mit Portugal, den Seeweg nach Westen zu erschließen. Ziel

Nach Amerigo Vespucci wurde Amerika benannt.

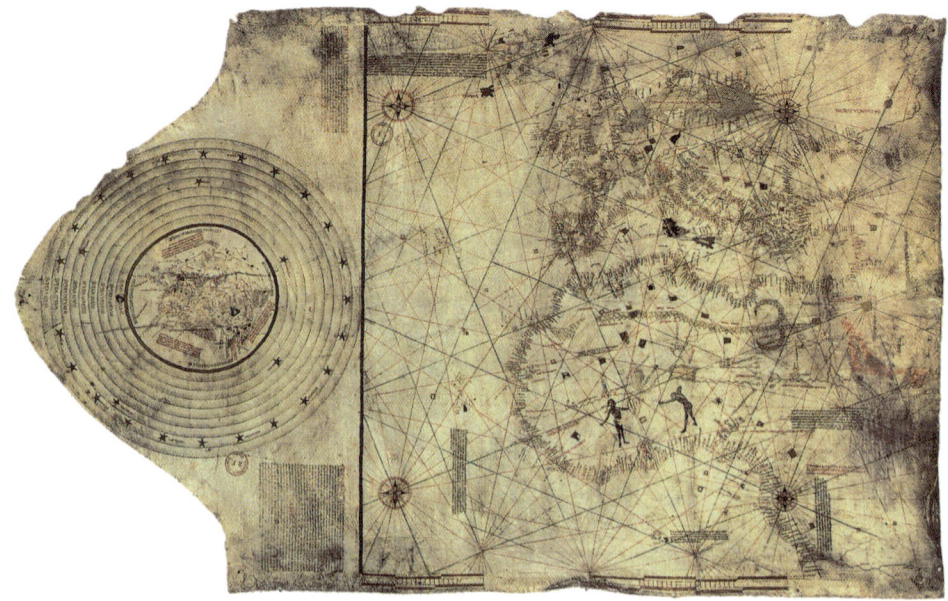

Die Kolumbuskarte, die sich heute in der Nationalbibliothek in Paris befindet.

waren Indien und China. Man war an den Gewürzen und an Seide interessiert. Die Reise dorthin auf dem Landweg über die Seidenstraße war jedoch extrem lang, beschwerlich und vor allem gefährlich.

Zwischen Europa und Asien gab es das Osmanische Reich, man musste hohe Zölle für die Waren bezahlen. Die Portugiesen versuchten Indien durch eine Umschiffung Afrikas zu erreichen. Dies gelang erstmalig Vasco da Gama im Jahr 1498. Kolumbus schätzte sogar die Distanz nach Indien ab: etwa 4 000 Kilometer. Allerdings beträgt die tatsächliche Distanz etwa 20 000 Kilometer.

In den Jahren 1487/88 hat der Portugiese Bartolomeu Diaz zum ersten Mal die Südspitze Afrikas umsegelt. Allerdings war der weitere Weg nach Indien noch unklar. Unser Weltbild hat sich mit diesen Entdeckungen wesentlich erweitert, aber es kam noch eine weitere Revolution, die auch die Stellung der Erde im Kosmos verändern sollte.

Nikolaus Kopernikus

Die ersten Überlegungen zu einem heliozentrischen System im antiken Griechenland wurden mit Nikolaus Kopernikus endgültig neu aufgenommen und setzten sich langsam durch.

Nikolaus Kopernikus wurde am 19. Februar 1473 in Thorn geboren und starb am 24. Mai 1543 in Frauenburg. Er hatte mehrere Berufe: Er war Domherr des Fürstbistums Ermland in Preußen, Astronom, Arzt und beschäftigte sich mit Mathematik und Kartographie. Nikolaus Kopernikus war der Sohn des Kupferhändlers Niklas Koppernigk und seiner Frau Barbara Watzenrode. Beide Elternteile waren wohlhabend und verstarben früh.

Nach dem Tod seines Vaters im Jahr 1483, Kopernikus war zu dieser Zeit 10 Jahre alt, sorgte der Bruder seiner Mutter, Lucas Watzenrode, für seinen Neffen. Er schickte ihn auch an die Universität Bologna, wo Kopernikus das Studium der Rechte begann, ohne es aber abzuschließen. Er beschäftigte sich stattdessen mit Astronomie und lernte bei Domenico Maria da Novara neuere Theorien der Planetenbewegung. Hier wurde er mit dem Neuplatonismus konfrontiert, in welchem unsere Sonne ein materielles Abbild Gottes darstellt. Deshalb besaß die Sonne auch eine besondere Bedeutung. 1500 verließ Kopernikus die Universität von Bologna

Der Turm in Frauenburg, den Kopernikus bis zu seinem Tode 1543 besaß.

Eine Seite aus Kopernikus' Hauptwerk. Wir sehen im Zentrum die Sonne, Sol, dann folgen Merkur, Venus, Erde, Mars, Jupiter und Saturn und schließlich die Sphäre der Fixsterne.

Der Dreistab des Kopernikus. Man konnte damit Winkel bestimmen.

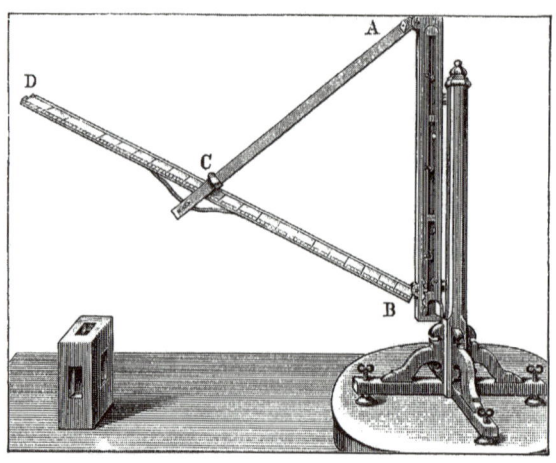

und reiste nach Rom weiter. 1501 war er in Frauenburg. Er bekam die Erlaubnis, abermals nach Italien zu gehen, und so begann er in Padua ein Studium der Medizin. Auch dieses schloss er nicht ab, promovierte jedoch 1503 zum *Doctor iuris canonici*, Doktor des Kirchenrechts. 1503 kehrte er ins Ermland zurück. Durch seinen Onkel bekam er eine Stelle im ermländischen Domkapitel in Frauenburg (*in hoc remotissimo angula terrae*, im entlegendsten Winkel der Welt).

Kopernikus war politisch tätig sowie im Münzwesen in der Administration. Doch sein Hauptverdienst lag in der Astronomie. Er machte eigene Beobachtungen mit einem sogenannten Dreistab.

Der Dreistab, Triquetrum, wurde bereits von Ptolemäus verwendet. Teleskope gab es noch nicht, erst gute 50 Jahre später.
Es existieren zwei astronomische Werke des Kopernikus. Im *Commentariolus* schrieb er über seine Theorie vom Umlauf der Planeten um die Sonne und von der Rotation der Erde, durch die die scheinbare Bewegung der Sonne und Gestirne am Himmel herrührt. Kurz vor seinem Tod erschien noch sein Hauptwerk *De revolutionibus orbium coelestium*.

Wegbereiter des Kopernikus

Vor Kopernikus gab es aber bereits bei Nikolaus von Kues und Regiomontanus Überlegungen hinsichtlich eines heliozentrischen Weltsystems. Nikolaus von Kues (1401–1464) wies auch auf die Ungenauigkeit des Julianischen Kalenders hin. Dieser wurde erst 1582 durch Papst Gregor XIII. reformiert. Er war auch stark von der philosophischen Richtung des Neuplatonismus inspiriert.

Regiomontanus (1436–1476) hatte Sterntafeln, Ephemeriden angefertigt. Er hieß eigentlich Hans Müller. Er nannte sich aber selbst Königsberger, latinisiert Regiomontanus, da er in Königsberg, Bayern geboren worden war. Neben seinem Lehrer Georg von Peuerbach war er einer der wichtigsten Vertreter der Wiener Astronomie. Diese ermöglichte erst eine verbesserte Navigation und damit die Entdeckungsfahrten der Seefahrer (Kolumbus, Vasco da Gama). Regiomontanus vertrat die Ansicht, dass mittels eigener Beobachtungen und Vergleich mit der antiken Wissenschaft, die im Wesentlichen von Aristoteles gegeben war, die Astronomie verbessert werden konnte. Dies ist ein moderner Zugang der Wissenschaft. Man soll die Erkenntnis stets einer Prüfung unterziehen und niemals Theorien als in Stein gemeißelte Wahrheiten betrachten. Übrigens interessierte sich Regiomontanus schon sehr früh für Astronomie. Im Alter von 12 Jahren erstellte er ein astronomisches Jahrbuch.

Einwände gegen das neue Weltbild

Vereinfacht wird immer wieder behauptet, die Kirche hätte das heliozentrische Weltbild als ketzerisch aufgefasst. Hinter der Ablehnung dieses Systems steckt aber viel mehr. Als die ersten Ideen darüber auftauchten und veröffentlicht wurden, sah man die Behauptung, die Erde stehe nicht im Zentrum, sondern die Sonne, und die Erde bewege sich um diese, als total absurd an. Es gab viele Argumente, die dagegensprachen. Die Bewegung der Gestirne, der Sonne und des Mondes am Himmel lässt sich zunächst einfacher erklären, wenn man annimmt, dass sich diese um die Erde drehen.

Darüber hinaus gab es auch andere Argumente. Wenn sich die Erde um die eigene Achse in nur 24 Stunden dreht, dann muss die Rotationsgeschwindigkeit je nach geographischer Breite bis zu 400 Meter pro Sekunde betragen. Dem entspricht eine Geschwindigkeit von mehr als 1 400 km/h. Weshalb bemerken wir davon nichts? Wenn sich die Erde in einem Jahr um die Sonne bewegt, dann muss die Geschwindigkeit auf der Erdbahn 30 Kilometer pro Sekunde betragen, das bedeutet wir sausen mit einer Geschwindigkeit von mehr als 100 000 km/h um die Sonne. Doch auch davon merken wir nichts.

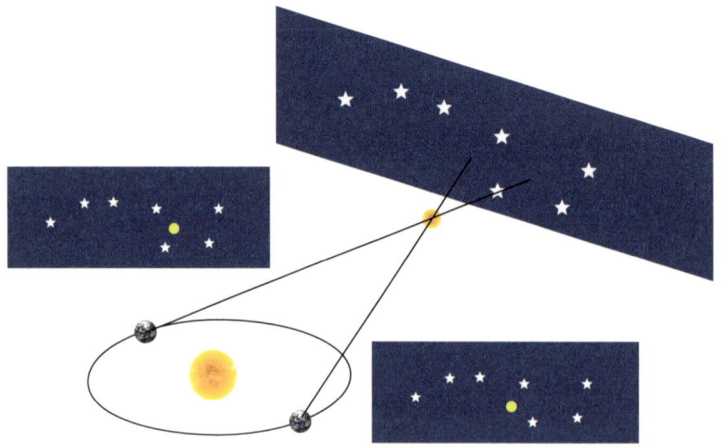

Die jährliche Parallaxe. Ein nahes Objekt müsste infolge des Umlaufs der Erde um die Sonne im Laufe eines Jahres seine Position verschieben.

Diese beiden Einwände lassen sich leicht entkräften. Es handelt sich um gleichmäßige Bewegungen. Sitzen wir in einem Flugzeug, das sich mit 800 km/h durch ruhige Luft bewegt, merken wir auch nichts davon.

Ein wichtiges Argument gegen die Annahme, die Erde bewege sich um die Sonne, war, dass sich dadurch Fixsterne im Lauf eines Jahres verschieben müssten, da wir diese unter verschiedenen Blickrichtungen beobachten. Diesen Effekt bezeichnet man als jährliche Parallaxe.

Parallaxe bedeutet, dass man ein näheres Objekt bei Beobachtung unter verschiedenen Blickwinkeln gegenüber einem weit entfernten Hintergrund verschoben sieht. Denken sie sich dazu folgendes Beispiel: Sie sitzen in einem Zug und blicken aus dem Fenster. Wir betrachten zum Beispiel ein nahes Gebäude und sehen, wie es sich gegenüber dem Hintergrund verschiebt, wenn der Zug fährt, wir also unsere Position ändern.

Weshalb beobachtete man also keine jährlichen Parallaxen der Sterne? Der Grund liegt nahe. Selbst die nächsten Sterne sind so weit von uns entfernt, dass sich die durch den Erdumlauf ergebende Verschiebung extrem klein wird, sie beträgt als Winkel weniger als ⅟₃₆₀₀ Grad am Himmel (wird auch als Bogensekunde bezeichnet). Solch kleine Winkel konnte erst im Jahre 1837 der Astronom Bessel bestimmen. Dazu machte er Messungen an dem Stern 61 Cygni. Dieser war bereits aufgefallen: Er verändert im Lauf der Zeit seinen Ort. Deshalb vermuteten Astronomen, dass er uns nahe sein musste, denn die Bewegung eines sehr weit entfernten Sterns ist kaum erkennbar innerhalb einer kurzen Zeitspanne. Bessel bestimmte die jährliche Parallaxe von 61 Cygni als 0.31 Bogensekunden. Rechnet man diese Entfernung mithilfe einer bestimmten Formel in Lichtjahre um, ergibt sich eine Distanz zu uns von 10,28 Lichtjahren.

Wie ermittelt man diese Strecke? Licht breitet sich mit der größtmöglichen Geschwindigkeit, der Lichtgeschwindigkeit c = 300 000 km/s aus. Anders ausgedrückt, ein Lichtstrahl würde mehr als sieben Mal in der Sekunde um die Erde gehen. Die Entfernung ein Lichtjahr bedeutet also in Kilometern ausgedrückt:

1 Lichtjahr = 10 000 000 000 000 Kilometer.

In wissenschaftlicher Notation schreibt man diese Zahl ganz einfach:

1 Lichtjahr = 10^{13} km. Die Hochzahl 13 ist die Anzahl der Stellen. So ist dann $10 = 10^1$, $100 = 10^2 = 10 \times 10$, $1000 = 10^3 = 10 \times 10 \times 10$ usw. Diese Schreibweise kann auch auf negative Hochzahlen ausgedehnt werden. $10^{-1} = 1/10$, $10^{-2} = 1/100 = 1/(10 \times 10)$, $10^{-3} = 1/1000$.

Der Stern 61 Cygni ist also 100 000 000 000 000 km = 10^{14} km von uns entfernt.

Diese Messung Bessels war der letzte Beweis für das heliozentrische Weltsystem. Sie zeigte aber auch eindrucksvoll, wie groß das Universum sein muss, wenn selbst nächste Sterne bereits einige Lichtjahre von uns entfernt sind. Ein letzter Vergleich noch: Von der Sonne benötigt das Licht nur wenig mehr als acht Minuten zur Erde. Die Sonne ist also quasi der Stern vor unserer Haustür.

Friedrich Wilhelm Bessel um 1834, dem die erste Messung einer Fixsternparallaxe gelang.

Sterne gehen früher auf …

Die Bewegung der Erde um die Sonne erklärt auch, weshalb wir im Winter andere Sternbilder sehen als im Sommer. Wir müssen hier zwischen der siderischen und synodischen Bewegung unterscheiden. Ein siderischer Tag ist die Zeitspanne, die vergeht, bis man nach einer Erdrotation einen Stern wieder an derselben Position am Himmel sieht. Aber da sich die Erde um die Sonne bewegt, hat sie sich nach einem Tag ein kleines Stückchen entlang ihrer Bahn weiterbewegt, und es dauert länger, bis die Erde wieder dieselbe Position zur Sonne einnimmt. Dies nennt man auch den Sonnentag. Der Sonnentag ist um fast 4 Minuten länger als der Sterntag.

Was bedeutet dies in der Praxis? Nehmen wir an, ein Stern geht heute Abend um 20 Uhr auf. Dann geht dieser Stern morgen bereits um 4 Minuten früher auf, also um 19 Uhr 56 Minuten. Jeden Tag geht der Stern um 4 Minuten früher auf. Nach einem Monat geht er bereits um 2 Stunden früher auf. So sehen wir im Lauf eines Jahres auch unterschiedliche Sternbilder am Nachthimmel. Im Winter leuchten Sirius und die hellen Sterne des Orion, im Sommer sieht man den Skorpion im Süden sowie die hellsten Teile der Milchstraße.

Durch den Umlauf der Erde um die Sonne entsteht für uns auf der Erde der Eindruck, die Sonne bewege sich im Lauf eines Jahres auf der sogenannten Ekliptik durch den Sternenhimmel. Die Ekliptik teilte man in die 12 Tierkreiszeichen ein, das sind jeweils 30 Grad lange Abschnitte auf der Ekliptik. Die Tierkreiszeichen lauten: Widder, Stier, Zwillinge, Krebs, Löwe, Jungfrau, Waage, Skorpion, Schütze, Steinbock, Wassermann und Fische.

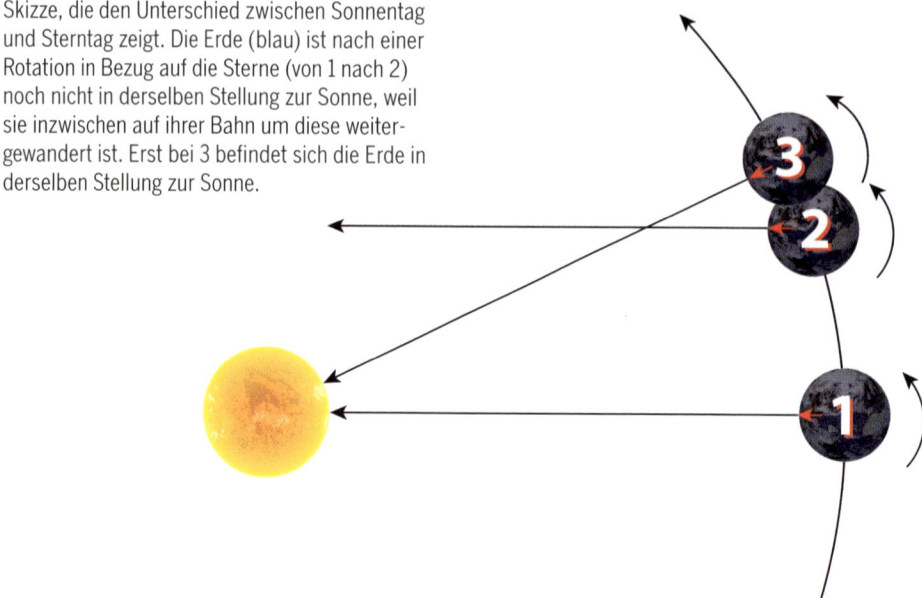

Skizze, die den Unterschied zwischen Sonnentag und Sterntag zeigt. Die Erde (blau) ist nach einer Rotation in Bezug auf die Sterne (von 1 nach 2) noch nicht in derselben Stellung zur Sonne, weil sie inzwischen auf ihrer Bahn um diese weitergewandert ist. Erst bei 3 befindet sich die Erde in derselben Stellung zur Sonne.

Planetenschleifen – einfach erklärt

Die einst so kompliziert erscheinenden Bewegungen der Planeten am Himmel (sie führen eine Schleife aus) lassen sich im heliozentrischen Weltsystem sehr einfach erklären. Immer dann, wenn die Erde einen langsamer laufenden Planeten überholt, der sich auf einer Bahn außerhalb der Erdbahn befindet, sehen wir den Planeten am Himmel in die verkehrte Richtung laufen.

Der Zeitpunkt, wenn der Abstand zwischen Erde und einem äußeren Planeten am geringsten wird, sich also der Planet der Erde am nächsten befindet, wird *Opposition* genannt. Bei der Opposition ist der Planet auch die gesamte Nacht hindurch zu sehen und am hellsten. Dies gilt aber nur für die äußeren Planeten Mars, Jupiter, Saturn, Uranus und Neptun.

Die scheinbare Reise der Sonne im Lauf eines Jahres am Himmel.

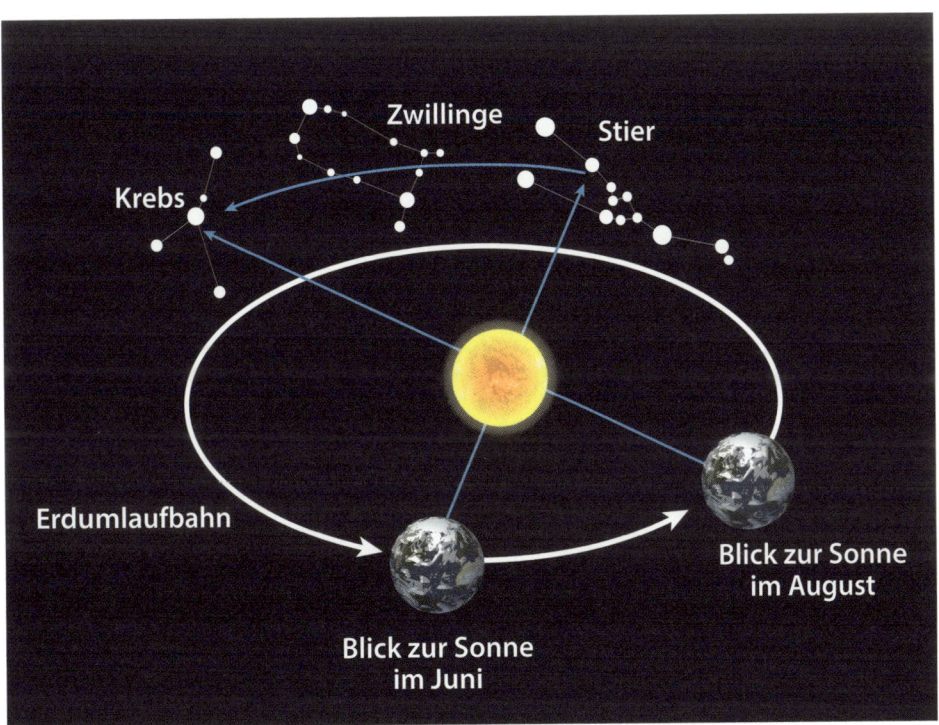

Die Frage nach dem Warum der Planetenbewegungen

Das Jahr 1543 markiert einen Wendepunkt für unsere Anschauung des Kosmos. Die Erde rückt vom Zentrum des Universums ab und wird zu einem unter mehreren, nämlich fünf weiteren mit bloßem Auge sichtbaren Planeten, die sich um die Sonne bewegen. Aber wie bereits erwähnt, konnte Kopernikus dies nicht wirklich beweisen. Das System bot aber einen entscheidenden Vorteil: Es ist wesentlich einfacher.

Tycho Brahe – der letzte Beobachter

Tycho Brahe wurde im Jahr 1546 geboren und verstarb 1601 in Prag. Im Alter von 20 Jahren verlor er bei einem Duell einen Teil seiner Nase und trug fortan eine Art Prothese aus Kupfer. Brahe gilt als letzter großer Beobachter, der ohne Teleskop den Himmel und insbesondere die Bewegungen der Himmelskörper erforschte. Er hatte in König Friedrich II. von Dänemark und Norwegen einen großen Gönner, der ihm zwei Sternwarten baute, Uraniborg und Stjerneborg. Man darf sich die Sternwarten aber nicht so vorstellen, wie wir sie heute kennen. Teleskope wurden erst um 1609/1610 für die Astronomie eingesetzt. In Brahes Sternwarte gab es nur

Tychos Observatorium Stjerneborg. J. Blaeu, Atlas Major.

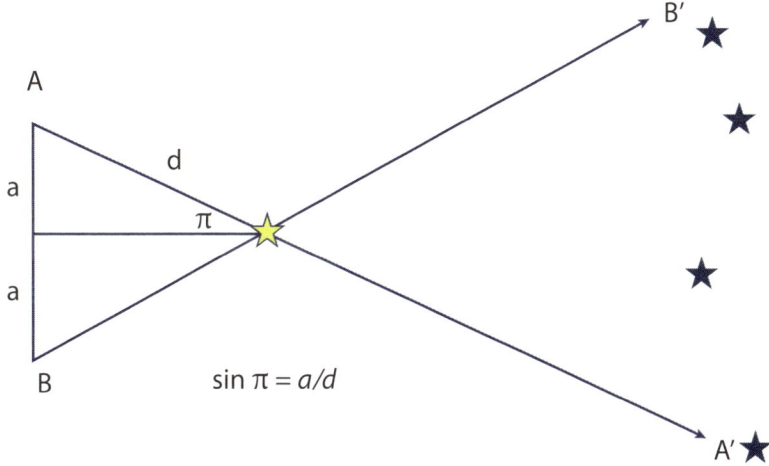

$$\sin \pi = a/d$$

Zur Bestimmung der Parallaxe. Man beobachtet einen Punkt (gelber Stern) von zwei Standorten A und B aus , die 2 a voneinander entfernt sind und sieht diesen an den Stellen A' bzw. B' am weiter entfernten Hintergrund. Kennt man die Entfernung zwischen A und B (2a), und den Winkel der Parallaxe π, folgt daraus die Entfernung des Objekts d.

Messinstrumente, wie zum Beispiel den Mauerquadranten. Damit konnte man verschiedene Winkel sehr genau messen.

1588 starb Brahes Gönner und dessen Nachfolger kürzte die finanzielle Unterstützung. 1599 zog Brahe mit seinen Söhnen nach Prag, wo er eine Stelle als kaiserlicher Hofmathematiker unter Rudolf II. bekam. Es wurde ihm auch eine neue Sternwarte versprochen, jedoch erlebte Brahe deren Fertigstellung nicht mehr.

Tycho Brahe beobachtete bereits 1572 eine Supernova im Sternbild Cassiopeia. Er beobachtete auch einen Kometen. Kometen wurden zur damaligen Zeit der sublunaren Welt zugeordnet, als Erscheinungen in der Erdatmosphäre. Brahe stellte aber durch seine Messungen fest, dass dies nicht stimmen konnte. Er versuchte, die Parallaxe eines Kometen zu ermitteln, konnte dies aber nicht. Was eine Parallaxe ist, kann einfach erklärt werden. Stellen Sie sich einfach vor, Sie betrachten den Daumen ihrer ausgestreckten Hand abwechselnd mit dem rechten und linken Auge. Dann sehen sie den Daumen relativ zum Hintergrund hin und her springen.

Kometen konnten daher keine Erscheinungen der Erdatmosphäre sein. So begann Brahe selbst an der Richtigkeit des ptolemäischen Weltbildes zu zweifeln. Er entwarf ein eigenes Weltbild, in dem der Mond um die Erde kreist, die Planeten jedoch um die Sonne. Die Erde ruht im Zentrum. Interessant ist der Einwand Brahes gegen das kopernikanische System:

Wenn sich die Erde tatsächlich von West nach Ost dreht, dann muss eine Kanonenkugel, die in Richtung der Erddrehung geschossen wird, viel weiter fliegen als ein in entgegengesetzter Richtung abgefeuertes Geschoss.
Natürlich kann man diesen Einwand leicht widerlegen. Das Geschoss befand sich zum Zeitpunkt des Abfeuerns, wie alles auf der Erde, in Bewegung durch die Erdrotation, war Teil dieser Erdbewegung, der Erdrotation.

Brahes Tod ist immer noch nicht restlos geklärt. Eine Theorie geht von einem Blasenriss infolge Harnverhaltens mit anschließender innerer Vergiftung aus. Brahe nahm an einem Festgelage des Königs teil, und es war nicht erlaubt, den Tisch vor dem König zu verlassen.

Das Fernrohr wird erfunden: ein neues Tor in den Kosmos

Alle bisherigen Untersuchungen waren auf Beobachtungen mit bloßem Auge angewiesen. Dabei wurden oft erstaunliche Genauigkeiten erreicht, aber erst die Erfindung des Teleskops ermöglichte tiefere Einblicke in das Universum. Wer das erste Fernrohr wirklich erfunden hat, ist nicht ganz klar. Wahrscheinlich war es der holländische Brillenmacher Hans Lipperhey (1570–1619) um 1608. Er bot im Oktober 1608 dem Rat von Zeeland ein Instrument zum Sehen in die Ferne an. Man zeigte sich beeindruckt, und so begann die Produktion dieser Geräte. Um 1609 gab es das Fernrohr bereits in Deutschland und Italien und der große Gelehrte Galileo Galilei baute dieses nach und verbesserte es, man spricht auch heute von vom Galilei-Fernrohr.
Um 1611 wurde es von Kepler nochmals weiterentwickelt und dann von Christoph Scheiner. Die ersten Teleskope waren Linsenteleskope. Als Objektiv und Okular diente eine Linse. Um 1663 hatten dann James Gregory, 1672 Laurent Cassegrain und Isaac Newton das Spiegelteleskop erfunden und für Sternbeobachtungen eingesetzt.

Einfaches Prinzip eines Linsenteleskops. Es besteht aus einem Objektv vorne und einem Okular.

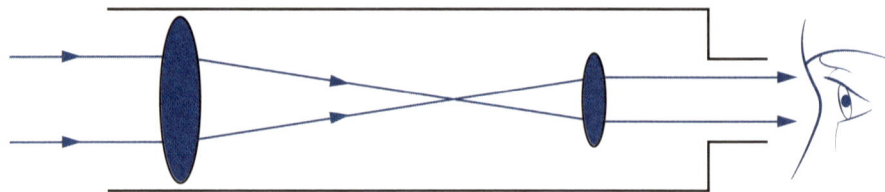

Galileis Entdeckungen

Galileo Galilei wurde am 15. Februar 1564 in Pisa geboren und starb am 8. Januar 1642 in Arcetri in Florenz. Er war drei Jahre Hochschullehrer an der Universität Pisa, wo er den Lehrstuhl für Mathematik und Astronomie innehatte. Der Legende nach soll er seine Fallgesetze durch Experimente am Schiefen Turm von Pisa entdeckt haben, was aber nicht stimmen dürfte. Seine neuen Erkenntnisse standen im Widerspruch zu Aristoteles und so kam es zu einem Streit mit seinen Kollegen an der Universität, seine Anstellung wurde 1592 nicht mehr verlängert. Durch Protektion wurde er jedoch von 1592 bis 1610 auf den Lehrstuhl für Mathematik in Padua berufen. Sein Gehalt war hier zwar besser als in Pisa, aber er gab zusätzlich noch Privatunterricht. Man dachte zu Galileis Zeiten immer noch, dass der Bereich der Fixsterne absolut unveränderlich sein musste. Ab 1609 verwendete Galilei ein umgebautes Fernrohr für eigene Himmelsbeobachtungen. Berühmt ist Galileis Schrift *Sidereus Nuncius*, Sternenbote. Sie erschien in 550 Exemplaren und war in lateinischer Sprache.

Mit seinem noch recht primitiven Teleskop gelangen Galileo Galilei dennoch bahnbrechende Entdeckungen. Er fand heraus, dass die Oberfläche des Mondes nicht eben, sondern mit Kratern übersät ist. Projiziert man das Bild der Sonne auf ein Blatt Papier in etwas Abstand zur hinteren Linse, erkennt man Sonnenflecken. Diese Entdeckung veröffentlichte er in italienischer Sprache, in den *lettere solari*. Eine der wichtigsten Entdeckungen war, dass sich um Jupiter herum vier kleine Himmelskörper befinden, die einmal links, einmal rechts von Jupiter erscheinen. Galileo Galilei deute diese Beobachtungen als Monde des Jupiter. Die Zahl der Monde links und rechts wechselt auch. Die Position der Monde wechselte also von Nacht zu Nacht. Zum ersten Mal wurde somit beobachtet,

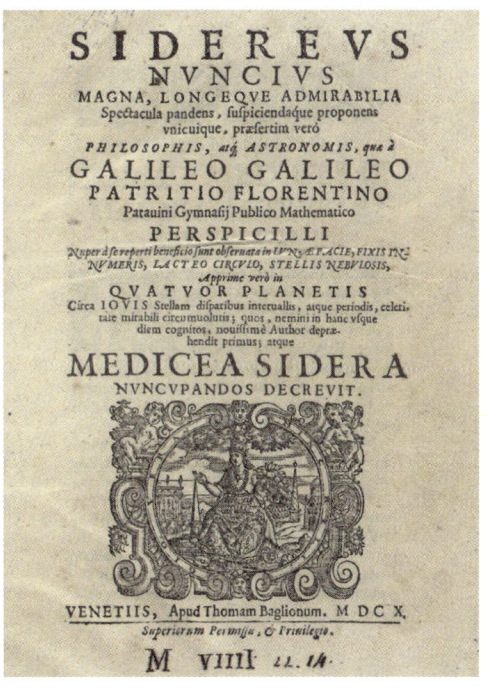

Titelblatt des Sidereus Nuncius.
Medicea Sidera sind die Mediceischen
Sterne, so bezeichnete Galilei damals
die vier hellsten Jupitermonde.

dass sich Himmelskörper um andere als die Erde drehen. Galilei hat diese Monde zu Ehren der vier Söhne der Medici als Mediceische Sterne bezeichnet.

Außerdem entdeckte Galilei auch noch die Phasen der Venus. Dies konnte man nur dadurch erklären, dass Venus als innerer Planet, also näher als die Erde, um die Sonne läuft. Er berichtet auch von einem dreifachen Bild des Saturns, da er mit dem primitiven Teleskop den Saturnring noch nicht eindeutig identifizieren konnte.

Galilei erkannte auch, dass die Milchstraße kein Nebel ist, sondern sich bei Fernrohrbeobachtung in unzählige Einzelsterne auflöst.

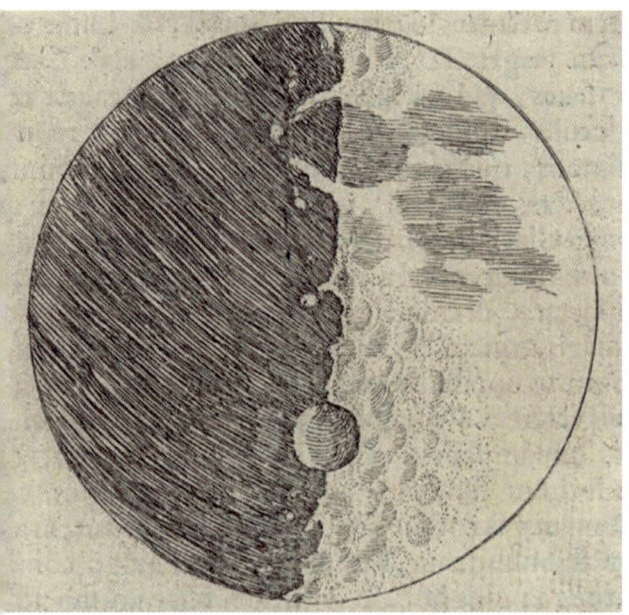

Im Jahr 1616 wurde es für Galilei kritisch. Der Kleriker Paolo Antonio Foscarini veröffentlichte ein Buch, in dem der Widerspruch zwischen dem heliozentrischen System des Kopernikus und der Heiligen Schrift betont wurde. Die Römische Inquisition leitete daraufhin Untersuchungen ein. 1616 wurde Foscarinis Buch gebannt und ebenso ein Werk Keplers. Das Hauptwerk des Kopernikus wurde nur suspendiert (bis 1882). Es gab stets Kommentare dazu, dass es sich hier bloß um ein rein mathematisches Modell handle. In seinem Werk *Saggiatore* (Goldwaage) kritisierte Galilei wiederum die Auffassungen des Aristoteles. 1624 reiste Galilei drei Mal nach Rom und wurde von Papst Urban VIII. empfangen. Im Jahr 1632 erschien dann sein *Dialogo* und es kam zum Bruch mit dem Papst. Galilei sollte nämlich am Ende des Werkes deutlich machen, dass das geozentrische

oben: Galileis Mondbeobachtungen.
unten: Der Leviathan, ein riesiges Linsenteleskop um 1860. Der Beobachter steht auf einer bis 18 Meter hohen Brücke.

System des Ptolemäus das richtige ist. Er tat dies, aber auf raffinierte Weise, die klarmachte, dass er selbst nicht dieser Meinung war: Die Verteidigung des ptolemäischen Systems übernahm in Galileis Werk der Dummkopf Simplicio. Außerdem machte er sich lustig über die Behauptung des Papstes, dass man eine Theorie niemals durch von ihr vorhergesagte Effekte prüfen könne, da Gott diese Effekte jederzeit verändern könnte. So kam es 1633 zum Prozess gegen Galilei. Er wurde anstatt Verbrennung auf dem Scheiterhaufen zu lebenslanger Kerkerhaft verurteilt. Beim Verlassen des Gerichtssaales nach der Urteilsverkündung soll er gesagt haben: *Eppur si muove* („und" – gemeint ist die Erde – „sie bewegt sich doch"). Dies dürfte zwar erfunden sein, spiegelt aber Galileis Haltung wider. Im Dezember durfte er nach Arcetri zurückkehren und wurde dort unter Hausarrest gestellt.

Die Verurteilung Galileis ist insofern besonders tragisch, da Galilei selbst ein tiefgläubiger Katholik war und lediglich versuchte, die Kirche von einem Irrtum zu befreien. Erst am 2. November 1992 wurde er von Papst Johannes Paul II. formal rehabilitiert.

Die Gesetze der Bewegung der Planeten

Nach und nach setzte sich das heliozentrische Weltbild durch. Alles bewegt sich um die Sonne. Dennoch gab es Unsicherheiten. Man nahm stets an, dass die Bewegung in einer Kreisbahn erfolgen sollte. Hier konnte Johannes Kepler mit der Entdeckung seiner drei Gesetze Bedeutendes leisten. Kepler wurde am 27. Dezember 1571 in Weil der Stadt geboren und starb am 15. November 1630 in Regensburg. Es gab mehrere Stationen in seinem Leben. Von 1594 bis 1600 war er Landschaftsmathematiker in Graz. Er unterrichtete Mathematik an der protestantischen Stiftsschule. In Graz lernte er auch Barbara Müller kennen, die bereits mehrfach verwitwet war, aber immer ein Vermögen geerbt hatte. Natürlich war ihr Vater gegen eine Heirat mit dem armen Kepler. Dennoch kam es 1597 zur Hochzeit. Kepler war Protestant und durch die Gegenreformation sah er sich gezwungen, Graz zu verlassen und ging nach Prag, wo er 1600–1601 Assistent von Tycho Brahe war. Die Zusammenarbeit mit Tycho Brahe war zunächst sehr gut. Brahe war ein ausgezeichneter Beobachter, Kepler hatte eine Fehlsichtigkeit und war ein ausgezeichneter Mathematiker. So ergänzten sich die beiden wunderbar. Kepler beobachtete im Jahr 1604 eine Supernova. Wie wir heute wissen, handelt es sich dabei nicht um einen neuen Stern, der aufleuchtet, sondern um einen Stern, der explodiert – meist am Ende seiner Entwicklung. Er versuchte eine Parallaxe dieses Sternes zu messen, was ihm aber nicht gelang. Deshalb folgerte er, dass die Supernova zu den Fixsternen gehören musste. Eine ähnliche Überlegung hatte bereits 1572 Tycho Brahe angestellt. Doch gerade diese Aussage war sehr umstritten. Nach Brahes Tod wurde Kepler kaiserlicher Mathematiker bis 1627 und von

1612 bis 1626 war er zusätzlich noch Landschaftsmathematiker in Linz und erstellte Horoskope für General Wallenstein.

1611 starb eines von Keplers Kindern an Pocken. Sein Gönner Rudolf II. wurde von seinem jüngeren Bruder Matthias abgesetzt, seine Frau starb. Als 1612 Rudolf II. verstarb, entschloss sich Kepler, nach Linz zu gehen, wo er eine Stelle als Mathematiker antrat. Er wählte unter elf Kandidatinnen seine zweite Frau aus, Susanne Reutlinger aus Eferding. Keplers Mutter wurde der Hexerei bezichtigt. Sie wurde zwar im Oktober 1621 freigelassen, verstarb aber ein Jahr später an den Folgen der Haft und der Folter. Keplers Familie übersiedelte wegen wachsender Schwierigkeiten nach Ulm. Im Jahr 1627 wurde Kepler astrologischer Berater Wallensteins. 1630 verlor Wallenstein auf dem Reichstag von Regensburg seine Funktionen und Kepler begab sich nach Regensburg, um sein noch ausständiges Gehalt einzufordern. Am 15. November 1630, im Alter von 58 Jahren, verstarb Kepler nach Krankheit in Regensburg.

Kepler beschäftigte sich auch mit Brahes Beobachtungen der Marsbahn und im Jahr 1609 erschien die *Astronomia Nova*. In diesem Buch finden sich das erste und das zweite Keplergesetz:

Erstes Keplergesetz: Die Planetenbahnen sind keine Kreise, sondern Ellipsen, in deren gemeinsamen Brennpunkt sich die Sonne befindet.

Zweites Keplergesetz: Der Fahrstrahl, die Verbindungslinie Planet–Sonne, überstreicht in gleichen Zeiten gleiche Flächen. Daraus ergibt sich, dass ein Planet in Sonnennähe auf seiner elliptischen Bahn schneller um diese läuft als in Sonnenferne.

Das zweite Keplergesetz hat für die Wissenschaft eine große praktische Bedeutung. Betrachten wir die Bahn der Erde um die Sonne: Da sie elliptisch ist, gibt es einen Punkt, wo die Erde der Sonne am nächsten steht, Perihel, und einen Punkt, wo sie am weitesten von der Sonne entfernt ist, Aphel. Im Perihel muss sich also die Erde schneller um die Sonne bewegen als im Aphel. Wann befindet sich die Erde an diesen Punkten? Gegenwärtig befindet sich die Erde im Perihel Anfang Januar und im Aphel Anfang Juli. Diese Punkte bleiben aber nicht fix, sondern wandern innerhalb eines Zeitraumes von 110 000 Jahren einmal relativ zum Fixsternhintergrund um die Sonne. Bezüglich des Frühlingspunktes allerdings, an dem sich der Kalender orientiert, beträgt diese Periode 21 000 Jahre. Die Wanderung der Perihel- und Aphelpunkte kommt durch Störeinflüsse der anderen Planeten auf die Erdbahn zustande.

> Zur Zeit Keplers fiel der Periheldurchgang auf den 26. Dezember, um 2500 wird er auf den 10. Januar fallen. Der Abstand der Erde von der Sonne beträgt
> Im Perihel 146,6 Millionen Kilometer
> Im Aphel 152,59 Millionen Kilometer

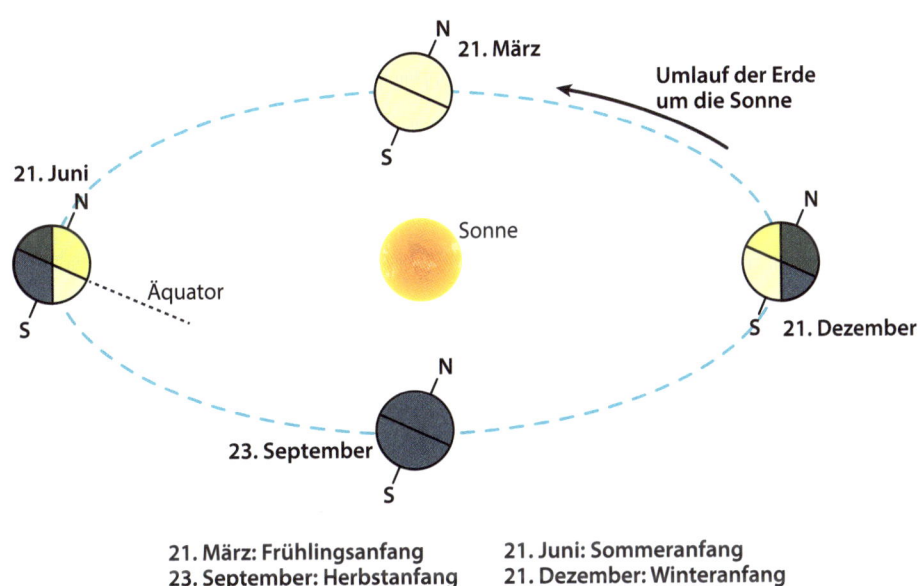

N 21. März

**Umlauf der Erde
um die Sonne**

S

21. Juni
N

Sonne

Äquator

N

S
21. Dezember

S

N

23. September

S

**21. März: Frühlingsanfang
23. September: Herbstanfang**

**21. Juni: Sommeranfang
21. Dezember: Winteranfang**

Die Erdbahn. Die Entstehung der Jahreszeiten hat nichts mit der elliptischen
Erdbahn zu tun, sondern ergibt sich aus der Neigung der Erdachse.

Für 2019 steht der Erde-Mond-Schwerpunkt am 3. Januar um 23 Uhr MEZ im Perihel. Die Sonne erscheint dann etwas größer, was aber nur mit Teleskopmessungen bemerkbar ist. Da das Perihel gegenwärtig Anfang Januar durchlaufen wird, wo sich die Erde schneller um die Sonne bewegt, folgt, dass für die nördliche Erdhalbkugel das sogenannte Winterhalbjahr kürzer ist als das Sommerhalbjahr. Auf die Entstehung der Jahreszeiten selbst hat dies aber kaum Einfluss. Auf der Nordhalbkugel der Erde dauert das Sommerhalbjahr vom 21. (oder 20.) März bis 22. (oder 23.) September. Die Winter der Nordhalbkugel sind also etwas kürzer und milder als jene auf der Südhalbkugel. Für die Nordhalbkugel der Erde gilt: Die Sommermonate sind deutlich länger, Juli und August haben jeweils 31 Tage; im Winter haben wir den kurzen Februar mit 28 beziehungsweise 29 Tagen.

Wie entstehen eigentlich die Jahreszeiten? Der Unterschied zwischen Perihel und Aphel ist sehr gering und trägt kaum dazu bei. Die Erdachse ist aber gegenüber der Senkrechten zur Ekliptik geneigt (um etwa 23,5 Grad). Im Sommerhalbjahr ist der Nordpol der Erde zur Sonne gerichtet, im Winterhalbhalbjahr ist der Südpol der Erde zur Sonne gerichtet. Im Frühlings- und Herbstpunkt (Äquinoktien) ist die Erde genau halb beleuchtet von Pol zu Pol. Deshalb dauern an diesen Tagen

Tag und Nacht jeweils 12 Stunden. Im Sommer sind die Tage lang, die Sonne steht hoch über dem Horizont, der Erdboden erwärmt sich stärker als im Winter, wo die Sonne tief steht. Nördlich des Polarkreises auf der Nordhalbkugel der Erde kommt sie gar nicht mehr über den Horizont.

Doch zurück zu Kepler. Es war ein großer Durchbruch hinsichtlich der damaligen Weltanschauung, anzunehmen, dass Planetenbahnen elliptisch sind und nicht ideal kreisförmig. Kepler hatte bei dieser Erkenntnis auch Glück, denn er bekam von Brahe die Aufgabe, die Marsbahn zu bestimmen. Diese Bahn hat eine relativ große Exzentrizität, ist also stärker elliptisch als beispielsweise die Bahn des Jupiter. So konnte Kepler sein erstes Gesetz finden.

Neben den ersten beiden Keplergesetzen ist das dritte Gesetz von größter Bedeutung. Mit diesem Gesetz kann man Massen im Universum bestimmen und zwar immer dann, wenn um diese Massen kleinere kreisen. Aus der Bewegung der Erde um die Sonne folgt die Masse der Sonne, aus der Bewegung der Sonne um das Zentrum der Milchstraße folgt die Masse der Galaxis und so fort. Das dritte Keplergesetz erschien in seinem Werk *Harmonices Mundi libri V.*

In der Schule lernt man für das **dritte Keplergesetz:** Die Quadrate der Umlaufzeiten zweier Planeten verhalten sich wie die Kuben ihrer großen Bahnhalbachsen. Sei T_1 die Umlaufzeit des ersten Planeten (z.B. Merkur) und T_2 des zweiten Planeten, (z.B. Erde) sowie a_1 die große Bahnhalbachse des ersten Planeten und a_2 die große Bahnhalbachse des zweiten Planeten, dann gilt:

$$\frac{T_1^2}{T_2^2} = \frac{a_1^3}{a_2^3}$$

Anders ausgedrückt gilt:

$$\frac{a^3}{T^2} = \frac{G}{4\pi^2} (M_1 + M_2)$$

Hier sind M_1 und M_2 die Massen des ersten und des zweiten Körpers, G die Gravitationskonstante. Berechnen wir etwa die Masse der Sonne aus dem Umlauf der Erde um sie. Die Masse der Sonne sei M_1, die Masse der Erde M_2 ist so klein, dass wir sie mit Null annehmen. Die Gravitationskonstante beträgt $G=6{,}67 \cdot 10^{-11}$, a ist die mittlere Entfernung Erde–Sonne = 150 Millionen Kilometer, und T der Erd-umlauf = 1 Jahr, das sind rund 30 Millionen Sekunden. Setzen wir diese Werte ein (150 Mio km = 150 Mrd. m), dann finden wir für die Masse der Sonne:

$$M_{Sonne} = 2 \cdot 10^{30} \, kg = 2\,000\,000\,000\,000\,000\,000\,000\,000\,000\,000 \, kg$$

So einfach ist also Astrophysik! Und diese Methode funktioniert überall im Universum! Die Masse der Sonne beträgt übrigens mehr als 300 000 Erdmassen.

Die Entdeckung der Schwerkraft

Natürlich möchte man die Natur, den Kosmos, nicht nur beschreiben, sondern auch die Ursachen der Bewegungen der Himmelskörper kennen. Ursache für Bewegung in der Physik ist immer eine Kraft.

Die Schwerkraft oder Gravitation ist eine der vier Kräfte, die es in der Natur gibt. Die anderen werden später noch ausgeführt. Die Schwerkraft ist überall im täglichen Leben feststellbar. Die Gravitation ist dafür verantwortlich, dass sich die Erde um die Sonne, der Mond um die Erde bewegt und sich viele Menschen ärgern, wenn sie morgens auf die Waage steigen. Doch kann man diese Kraft berechnen?

Isaac Newton wurde am 4. Jänner 1643 geboren und starb am 31. März 1727. Sein Studium am Trinity College in Cambridge musste er mit 18 Jahren abbrechen, weil die Pest ausgebrochen war und er aufs Land zog. 1667 kehrte Newton an das College zurück und wurde Fellow des Trinity College. Das bedeutet, er musste die 39 Artikel der Church of England anerkennen, das Zölibatsgelübde ablegen sowie innerhalb von sieben Jahren die geistlichen Weihen empfangen. 1669 wurde er auf den Lucasischen Lehrstuhl auf Empfehlung seines Vorgängers Isaac Barrow berufen. In diesem Jahr erschien auch Newtons Abhandlung über die Infinitesimalrechnung. 1672 baute er ein Spiegelteleskop. Im Jahre 1687 erschien sein Werk *Principia*.

Darin enthalten ist das berühmte Gesetz der Schwerkraft, das **Newtonsche Gravitationsgesetz**. Newton fand heraus, dass sich zwei Massen M_1 und M_2 mit einer Kraft anziehen, die proportional zu deren Produkt ist und umgekehrt proportional zu dem Quadrat ihres Abstandes r. Sie wird also schwächer mit dem Quadrat ihres Abstandes. Die Proportionalitätskonstante ist die Newtonsche Gravitationskonstante G.

Die Formel für das Newtonsche Gravitationsgesetz lautet daher einfach:

$$F = G\,\frac{M_1 M_2}{r^2}$$

Je größer die Massen, desto stärker ist die Anziehungskraft. Die Anziehungskraft oder Gravitation wirkt immer gegenseitig, Newton nannte dies *actio=reactio*.

Nehmen wir ein Beispiel: Die Anziehung zwischen der Erde und einem Menschen. Die Erde zieht den Menschen an, das wissen wir alle, wenn wir nach oben springen und wieder angezogen werden, aber auch der Mensch zieht die Erde an. Doch jetzt kommen die Massen ins Spiel: Die Masse der Erde beträgt 6×10^{24} kg, also ausgeschrieben:
6 000 000 000 000 000 000 000 000 kg. Die Masse eines Menschen hingegen nehmen wir mit nur etwa 70 kg an. Die Anziehung der Erde durch einen einzelnen Menschen ist also gegenüber der Anziehung der Erde auf den Menschen vernachlässigbar. Selbst wenn wir alle 10 Milliarden Menschen zusammenfassen, dann ist die Anziehung der Erde immer noch um das 10 000 000 000 000fache stärker.

Zwei Körper ziehen einander an. Dies an sich war schon eine große Erkenntnis Newtons. Aber es geht noch weiter. Der Legende nach soll Newton unter einem Apfelbaum gelegen sein, als ihm ein Apfel auf den Kopf fiel. Das bedeutete für Newton ein Zeichen. Die Tatsache, dass Äpfel zu Boden fallen, hängt mit der Erdanziehung zusammen, wie wir schon wissen, aber Newton behauptete, dass dieselbe Kraft auch bewirkt, dass sich der Mond um die Erde bewegt. Die Erde zieht den Mond also aufgrund ihrer viel größeren Masse an, sie besitzt die 81fache Masse des Mondes. Auch der Mond zieht die Erde an, und im Grunde bewegen sich beide Körper um den gemeinsamen Schwerpunkt, der aber wegen der großen Erdmasse noch im Inneren der Erde liegt. Was ist daran so besonders? Für uns heute scheint dies selbstverständlich, aber zur Zeit Newtons war es keineswegs offensichtlich, dass im Himmel und auf der Erde dieselben physikalischen Gesetze gültig sind.

Mithilfe des Gravitationsgesetzes lässt sich berechnen, weshalb sich die Erde um die Sonne bewegt. Sie muss sich bewegen, ansonsten würde sie wegen der Anziehung durch die Sonne in die Sonne stürzen. Durch den Umlauf der Erde um die Sonne entsteht eine zweite Kraft, die wir alle kennen, die Fliehkraft. Wenn Sie schon einmal zu schnell in eine enge Kurve gefahren sind, wissen Sie sicher, wovon die Rede ist. Die Fliehkraft hängt ab vom Quadrat der Geschwindigkeit v^2, vom Abstand des Zentrums r, um welches sich eine Masse M bewegt.

$$F = \frac{Mv^2}{r}$$

Die Formel scheint kompliziert, besagt jedoch lediglich: Je schneller wir in die Kurve fahren (Geschwindigkeit v) und je enger die Kurve ist (r im Nenner der Formel), desto größer wird die Fliehkraft bei gegebener Masse M.

Durch ihre Bewegung um die Sonne erfahren die Erde und alle anderen Planeten eine nach außen gerichtete Kraft, die Fliehkraft (Zentrifugalkraft). Sie würde sich also sofort von der Sonne entfernen, aber die Sonne zieht die Erde an. Da die beiden Kräfte gleich groß sind, ergibt sich eine stabile Planetenbahn.

Man hat es hier also mit einem Gleichgewicht zu tun: Planetenbahnen sind stabil, weil die Gravitation (ausgeübt durch die Sonne und die einzelnen Planeten) und die Fliehkraft (infolge der Bewegung des Planeten um die Sonne) gleich groß sind. Machen wir ein Gedankenexperiment. Bremsen wir die Erde etwas ab, sodass sie an Geschwindigkeit verliert, was passiert dann? Ganz einfach, die Fliehkraft reicht nicht mehr aus, um die konstante Anziehung durch die Sonne auszugleichen, die Erde wird sich in Richtung Sonne bewegen. Mit diesem Prinzip kann man auch Raumsonden zu Planeten steuern. Sie werden zum Beispiel im Schwerefeld eines Planeten beschleunigt oder auch abgebremst.

Das verdeutlicht die ungeheure Macht, die hinter dem einfachen Gravitationsgesetz Newtons steht. Newton wurde zu seiner Zeit sehr berühmt. Er wurde 1703 Präsident der Royal Society, einer erhabenen Gelehrtengemeinschaft, und zum Ritter geschlagen. Es gab immer wieder Gerüchte, dass einige Ideen Newtons gar nicht von ihm selbst stammten. Letztendlich beweisen ließ sich davon aber nichts.

Prinzip eines Cassegrain-Spiegelteleskops. Das Licht fällt auf den Hauptspiegel am Ende des Teleskoprohrs (Tubus). Vorne in der Mitte befindet sich ein Fangspiegel, der das Licht durch eine Bohrung des hinteren Hauptspiegels zum Beobachter bringt.

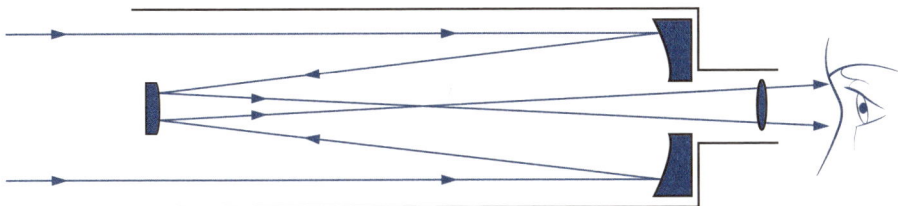

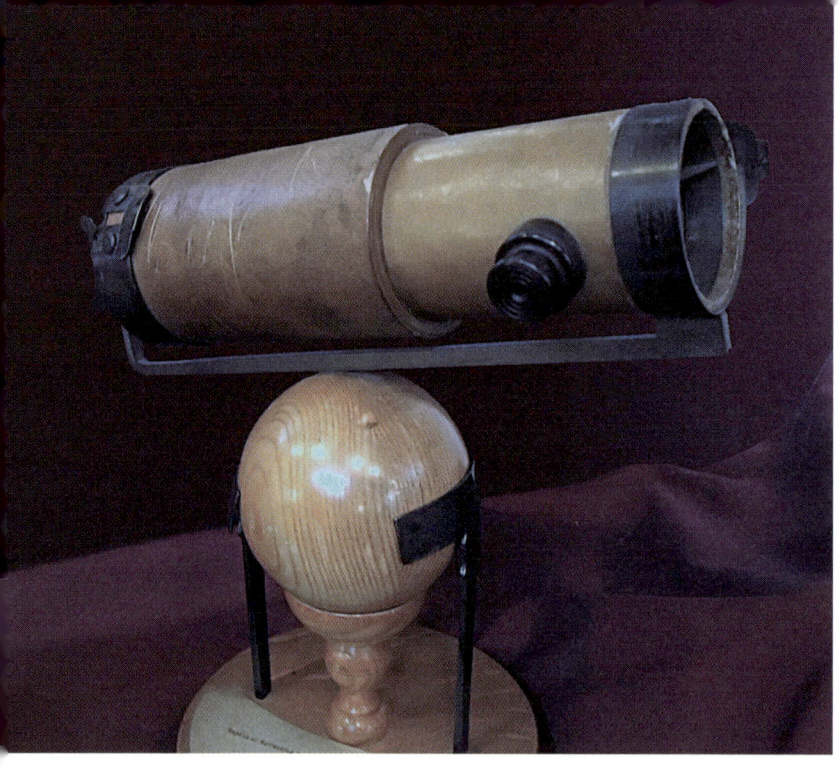

Newtons Spiegelteleskop. Billige Teleskope werden auch heute noch nach diesem Schema gebaut. Spiegelteleskope sind wesentlich einfacher und billiger in der Herstellung und dieses Prinzip wird heute bei den großen Observatorien eingesetzt.

Newton legte auch den Grundstein für die moderne Mechanik. Ohne diese wäre unsere Weltraumfahrt undenkbar. Man glaubte früher, dass wenn sich ein Körper bewegt, immer eine Kraft dazu notwendig wäre. Aristoteles begründet dies damit, dass ja jede Bewegung auf der Erde zum Stillstand kommt. Allerdings hatte er dabei nicht berücksichtigt, dass es eine Reibung gibt, die jedes Objekt in Bewegung irgendwann einmal zum Stillstand bringt.

Hier hat Newton die Vorstellungen relativiert. Das **erste Newtonsche Axiom**, das Trägheitsgesetz, sagt etwas anderes: Körper verharren im Zustand der Ruhe oder der gleichförmigen geradlinigen Bewegung, bis Kräfte auf sie einwirken.

Betrachten wir die Reise der Raumsonde Cassini zum Ringplaneten Saturn. Der Start erfolgte am 15. Oktober 1997, dann ging es zur Venus, bei den zweimaligen Vorbeiflügen (26. April 1998 bzw. 24. Juni 1999) wurde die Sonde stark beschleunigt (*gravity assist*) und sie flog an der Erde am 18. August 1999 vorbei. Dadurch verkürzte sich die Reisezeit zum Jupiter dramatisch, der Vorbeiflug erfolgte am 30. Dezember 2000. Am 1. Juli 2004 erreichte die Sonde schließlich den Planeten Saturn, der mehr als 1 000 Millionen Kilometer von uns entfernt ist.

Auf den modernen Raumflug angewendet bedeutet dies: Wenn eine Raumsonde in eine bestimmte Richtung im Weltraum fliegt, dann ist dazu keine Kraft notwendig, erst, wenn man ihre Bahn korrigieren muss. Wichtig ist, dass man alle möglichen Kräfte berücksichtigt. Ein auf einer ebenen geraden Straße rollendes Auto kommt irgendwann zum Stillstand, weil die Reibungskraft zwischen Asphalt und Reifen

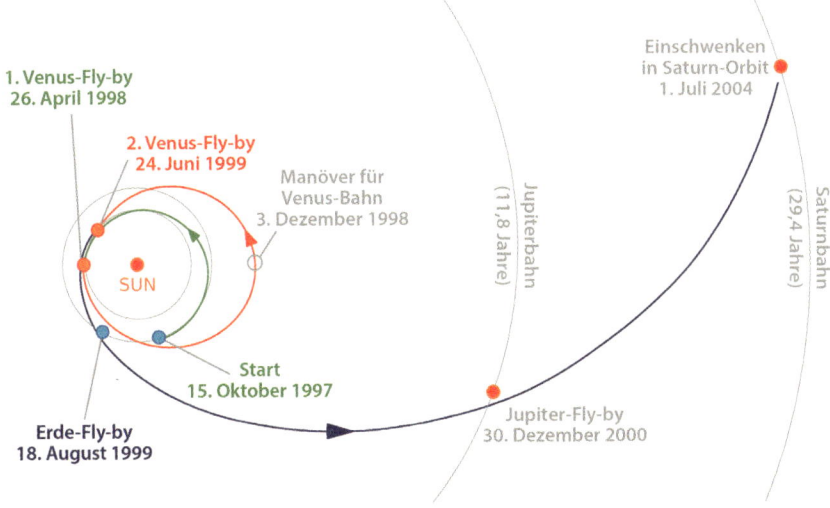

Die Reise der Raumsonde Cassini zum Saturn.

wirkt. Außerdem gibt es einen gewissen Luftwiderstand. Die Raumsonde Cassini konnte durch die komplizierten Manöver und Annäherungen an Venus, Erde und Jupiter den Saturn in nur sechs Jahren erreichen.

Das **zweite Newtonsche Axiom** ist die Grundgleichung der Mechanik. Die Änderung der Bewegung ist zur einwirkenden Kraft proportional und sie hat auch die gleiche Richtung wie diese. Kraft ist also das Produkt von Masse und Beschleunigung. Beschleunigung ist nichts anderes als eine Geschwindigkeitsänderung. Ist die Beschleunigung Null, bleibt die Geschwindigkeit konstant.

Das **dritte Newtonsche Axiom** wurde bereits erwähnt: Kräfte treten immer paarweise auf, *actio=reactio*.

Die früher diskutierte komplizierte Mission der Raumsonde Cassini zum Saturn kann mit diesen Gesetzen vollständig beschrieben werden! Ohne Newton gäbe es also keine moderne Physik.

Übrigens wird Newton auch als physikalische Einheit verwendet, als Einheit für die Kraft. Nachdem die Einheit für die Masse Kilogramm kg ist, und die Einheit für die Beschleunigung m/s^2 ist ein Newton:

$$1 \ N = 1 \ kg \ m/s^2$$

Die Gravitationskonstante hat den Zahlenwert $G=6{,}67 \ 10^{-11} \ Nm^2/kg^2$

Das Planetensystem – vollständig geklärt

Drei Persönlichkeiten haben somit daran Anteil, eine vollständige Erklärung der Bahnen unseres Planetensystems zu ermöglichen:

Kopernikus: 1543 beschreibt er das heliozentrische Weltsystem, nicht die Erde, die Sonne steht im Zentrum.

Kepler: Er erklärt, wie sich die Planeten um die Sonne bewegen; keine Kreisbahn, sondern eine Ellipse, die Bahngeschwindigkeiten ändern sich und das dritte Keplergesetz erlaubt die Bestimmung von Massen, beispielsweise der Masse der Sonne, wenn wir den Abstand Erde–Sonne sowie die Umlaufdauer der Erde kennen. Da sich die Quadrate der Umlaufzeiten zweier Planeten wie die Kuben ihrer großen Halbachsen verhalten, wird uns klar, dass sobald eine Entfernung im Sonnensystem bekannt ist, man alle anderen Entfernungen kennt (man muss nur die leicht zu bestimmende Umlaufdauer eines Planeten oder anderer Objekte kennen). Doch wie bestimmen wir nun wirklich die Entfernung Erde–Sonne? Wir haben schon von der Parallaxe gesprochen, wir beobachten ein näheres Objekt von zwei möglichst weit entfernten Punkten aus und sehen, wie sich die Position des Objektes relativ zu einem weit entfernten Hintergrund verschiebt. Das funktioniert aber leider nicht bei der Sonne, wir sehen ja am Tag keine Sterne und können daher nicht ihre unterschiedliche Position am Himmel von zwei weit auseinanderliegenden Orten gemessen ermitteln. Eine Möglichkeit zur Bestimmung der Entfernung Erde–Sonne bietet ein Venustransit. Dabei geht Venus von der Erde aus gesehen als kleine schwarze Scheibe vor der Sonne vorbei, man sieht also die schwarze Venusscheibe über die helle Sonnenscheibe wandern.

Beobachten wir einen Venustransit von zwei möglichst weiter entfernten Beobachtungspunkten von der Erde aus, so sieht man die Bahn des Transits wegen der Parallaxe verschoben. Daraus folgt die Entfernung Erde–Venus a_{VE}. Nun setzen wir in das Dritte Keplergesetz ein: a_V sei die Entfernung Venus–Sonne, a_E die gesuchte Entfernung Erde–Sonne. Da $a_E = a_V + a_{VE}$
muss gelten:

$$\frac{a_V^3}{a_E^3} = \frac{T_V^2}{T_E^2}$$

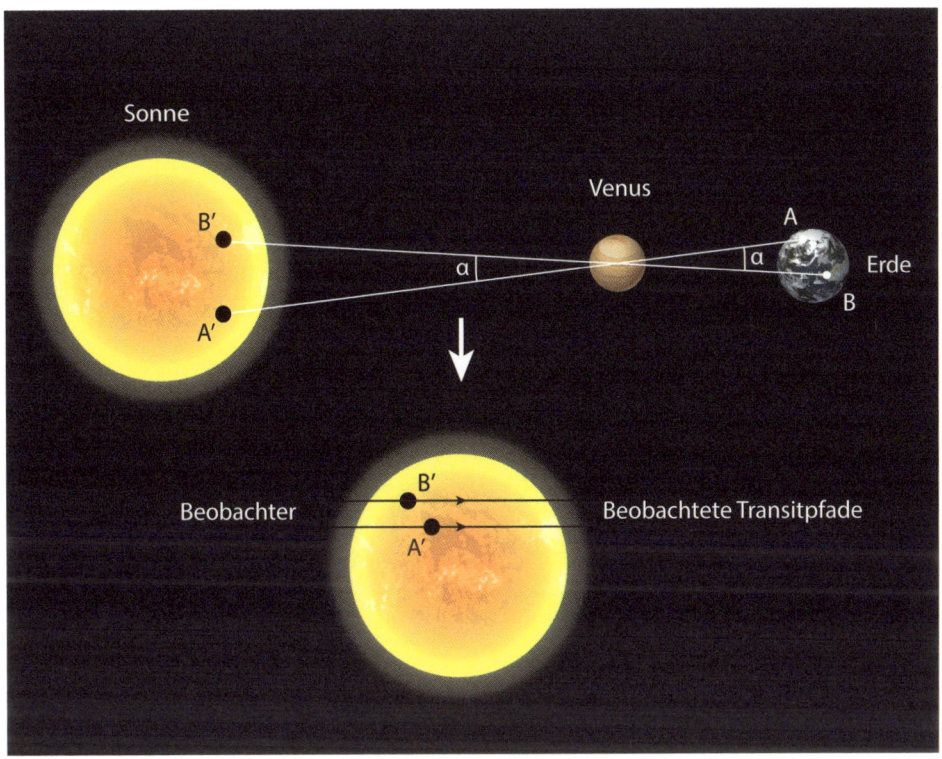

Bestimmung der Venusparallaxe bei einem Transit. Man misst den Durchgang der Venus von zwei weit entfernten Punkten A und B von der Erde aus.

Daraus ergibt sich die gesuchte Entfernung Erde–Sonne: die mittlere Entfernung Erde–Sonne nennt man auch eine astronomische Einheit, 1 AE:

1 AE = 150 000 000 km

Mit Kepler können wir also das Sonnensystem vermessen und sogar Massen von Sonne und Planeten bestimmen.

Schließlich folgt dann noch das Gravitationsgesetz von **Newton**. Damit kann man die Kräfte ausrechnen, die Massen aufeinander ausüben. Somit wird das Universum berechenbar.

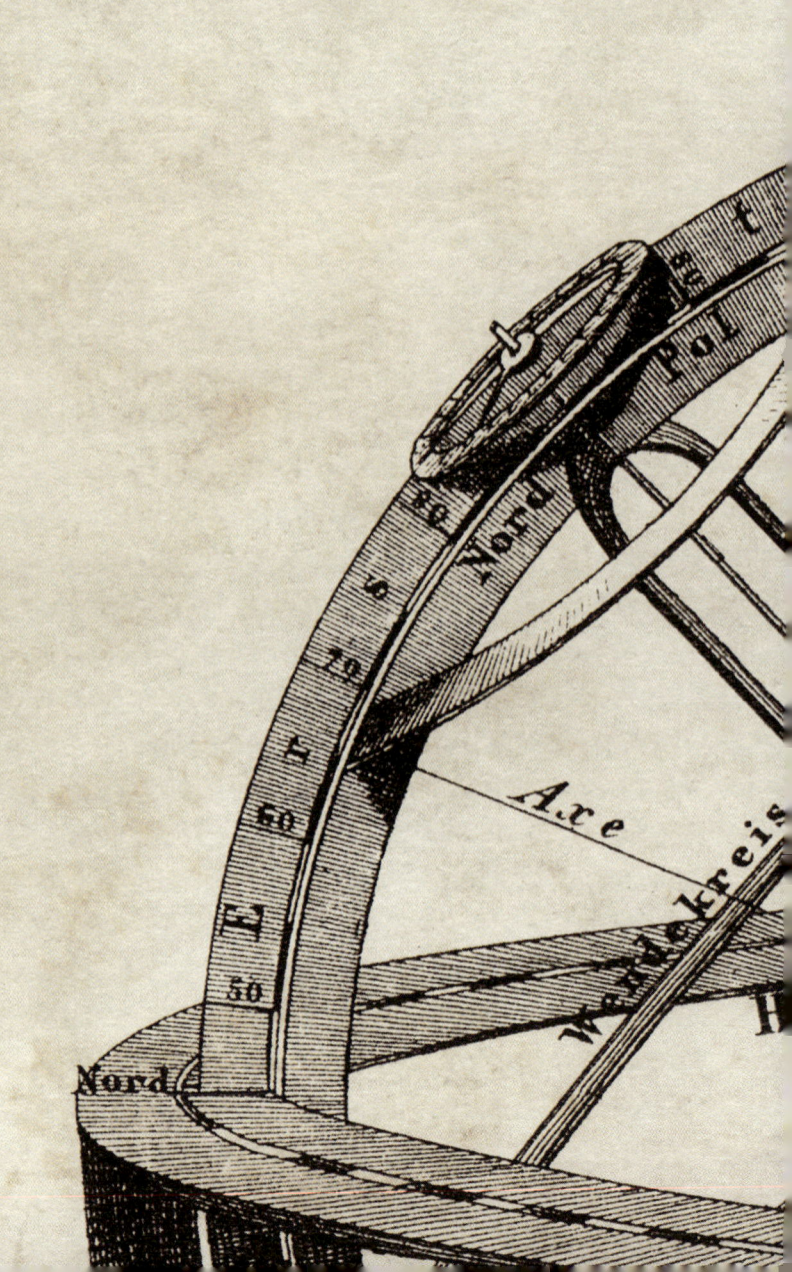

Ist alles vorhersagbar?

Die Mechanik des Himmels

Newton erklärt, mit welchen Kräften sich Massen anziehen. Daraus kann man nun die Planetenbahnen exakt vorhersagen. Allerdings gibt es ein großes Problem dabei. Viele Menschen sind es gewohnt, dass man Dinge exakt berechnen kann. Denken wir uns die Formel zur Berechnung der Fläche eines Quadrats mit der Seitenlänge a. Dann kann man die Fläche sofort aus dem Produkt $a \cdot a$ berechnen, $F = a \cdot a = a^2$. Dies ist eine exakte Formel. Sobald wir die Seitenlänge exakt wissen, können wir exakt die Fläche angeben, zum Beispiel $a = 5$, dann gilt für die Fläche $F = a \cdot a = 25$.

Die Himmelsmechanik befasst sich mit der Bewegung von Himmelskörpern. Das einfachste Problem ist dabei das sogenannte Zweikörperproblem. Hier betrachtet man nur zwei Massen m_1 und m_2 und berechnet die Bewegung dieser beiden um den gemeinsamen Schwerpunkt. Das Zweikörperproblem ist analytisch lösbar, das heißt, man kann eine Formel angeben, wie sich Örter und Geschwindigkeiten der beiden Massen mit der Zeit entwickeln. Die Bahn der Erde um die Sonne ist in erster Näherung durch ein Zweikörperproblem lösbar. Will man jedoch genauer rechnen, dann muss man den Einfluss der anderen Planeten berücksichtigen. So wird aus dem Zweikörperproblem ein N-Körperproblem, wobei N für die Anzahl der Massen (Körper) steht, die berücksichtigt werden. Man kann sich leicht vorstellen, dass ein N-Körperproblem sehr kompliziert wird, was den Rechenaufwand anbelangt. Jeder Punkt im Universum ist gegeben durch die drei Ortskoordinaten x, y, z. Unser Raum ist dreidimensional und durch die Angabe der drei Ortskoordinaten ist ein Punkt zu einem bestimmten Zeitpunkt im Universum bestimmt. Aber wir wollen Bewegungen angeben, also benötigen wir auch noch Geschwindigkeiten, und auch hier gibt es wieder drei Richtungen: v_x ist die Komponente in x-Richtung, v_y in y-Richtung und v_z in z-Richtung. Wir haben also im Zweikörperproblem 6 Gleichungen zu lösen, jeweils drei Gleichungen für den Ort und die Geschwindigkeit. Allerdings kann man leicht zeigen, dass sich zwei Körper in einer Ebene bewegen, deshalb reduziert sich die Anzahl der Gleichungen auf 4.
Bei N Körpern werden einerseits die Gleichungen sehr umfangreich, andererseits muss man sehr viele Gleichungen lösen. Bei einem Dreikörperproblem sind es schon 18 Gleichungen.

Es ist erstaunlich, dass man schon vor 300 Jahren derart komplexe mathematische Gleichungen lösen konnte – ohne Computer. Aber genau das ist der Punkt. Man kann beweisen, dass es nur für das Zweikörperproblem eine analytische Lösung gibt. Sobald mehr als zwei Körper im Spiel sind, wird das Gleichungssystem nicht mehr analytisch lösbar. Doch keine Angst. Das klingt sehr dramatisch. Wenn dem so ist, dann kann man nicht einmal das System Erde-Mond-Sonne lösen. Dies ist jedoch sehr häufig in den Naturwissenschaften der Fall. Oft gibt es aber keine exakten Lösungen. Zum Glück kann man die Gleichungen näherungsweise lösen, zwar niemals hundertprozentig genau, aber immerhin. Computer sind sehr schnelle, geduldige Rechner und so hat man in letzter Zeit die Bewegung der Planeten des Sonnensystems für mehrere Milliarden Jahre berechnet.

Neue Planeten im Sonnensystem

Wir behandeln nun die Entdeckung neuer Planeten im Sonnensystem. Dies gilt als ein besonderer Triumph der Himmelsmechanik, der Anwendung der Gleichungen Newtons.

Zu den fünf seit dem Altertum bekannten Planeten Merkur, Venus, Mars, Jupiter und Saturn kamen noch die Entdeckungen des Uranus und des Neptun.

Die Entdeckung des Uranus geschah durch Sir Friedrich Wilhelm Herschel am 13. März 1781. Uranus ist ein Sternchen sechster Größe, das bedeutet, unter sehr guten Bedingungen könnte man ihn sogar noch mit freiem Auge sehen. Herschel benutzte ein 6-Zoll (1 Zoll = 2,54 cm) Spiegelteleskop, wie es heute unter Amateurastronomen üblich ist. Somit war Uranus der erste entdeckte Planet, der nicht schon in der Antike bekannt war. Auf der Sternwarte in Kremsmünster hat um 1780 der Benediktiner Fixmiller die Bahn des neuen Planeten bestimmt. Die Astronomen Lexell und Pierre-Simon Laplace konnten zeigen, dass sich Uranus in der 19-fachen Entfernung Erde–Sonne befindet. Die Entdeckung des Uranus war nicht überraschend. Der Astronom Johann Elert Bode erkannte nämlich, dass sich die Abstände der Planeten von der Sonne, gemessen in astronomischen Einheiten (AE), durch eine einfache mathematische Beziehung herleiten lassen. Eine Astronomische Einheit ist die mittlere Entfernung Erde–Sonne, also 150 Millionen Kilometer. Wie seltsam – die Abstände der Planeten von der Sonne scheinen einem einfachen mathematischen Gesetz zu folgen.

Diese Formel nennt man heute die Titius-Bode-Reihe:
Wenn *a* der Abstand des Planeten von der Sonne in *AE* ist, dann errechnet sich dessen Abstand von der Sonne so:

$$\alpha = 0,4 + 0,3 \cdot 2^n$$

Dabei verwendet man für den Exponenten *n* folgende Werte:
Merkur *n*=− Unendlich, Venus *n*=0, Erde *n*=1, Mars *n*=2, Jupiter *n*=4, Saturn *n*=5, Uranus *n*=6.

Daraus folgt die große Bahnhalbachse des Merkur a = 0,4. Für die Erde (n = 1) gilt dann

$$\alpha = 0,4 + 0,3 \cdot 2^1 = 1,0$$

Man sieht aus den Zahlen, das es bei *n = 3* kein Objekt gibt, hier scheint die Titius-Bode-Reihe nicht erfüllt zu sein.

In dieser Zahlenfolge gibt es also eine Lücke, und schon bald spekulierte man, ob es an dieser Stelle, also zwischen den Planeten Mars und Jupiter, eventuell einen bisher noch nicht entdeckten Planeten geben könnte. In der Neujahrsnacht 1801 entdeckte man bei diesem Abstand ein Objekt, die Ceres, die später als Zwergplanet klassifiziert wurde. Die Abweichung der wahren Abstände der Planeten von dieser Reihe beträgt nur bei Saturn 4 Prozent, sonst ist sie geringer.

Weshalb die Abstände der Planeten von der Sonne einer einfachen mathematischen Beziehung gehorchen, ist unbekannt. Zwischen Mars und Jupiter ist keine Lücke, sondern es gibt mehrere 100 000 kleine Planeten, die Asteroiden.

Noch spannender ist die Entdeckungsgeschichte des Neptun. In den Aufzeichnungen Galileis findet sich, dass er den Planeten schon am 28. Dezember 1612 sowie am 27. Jänner 1613 gesehen hat. Allerdings erkannte Galilei nicht die Planetennatur des Objektes und hielt das Objekt für einen weiteren Jupitermond. Im Jahr 1821 veröffentlichte Alexis Bouvard genaue Positionen des Uranus. Die Beobachtungen des Uranus zeigten aber große Abweichungen. Deshalb wurde vermutet, dass es einen weiteren Planeten geben müsse, der die Bahn des Uranus stört. 1843 berechnete Adams und später der Himmelmechaniker Le Verrier aufgrund der Bahnstörungen des Uranus die Position des unbekannten Planeten. Le Verrier bat den Berliner Observator Galle den Planeten zu suchen und Galle fand 1846 tatsächlich einen neuen Planeten, genau an der Stelle, wo er vorhergesagt wurde. Das war ein großer Triumph der Himmelsmechanik, die ausschließlich auf den Newtonschen Gesetzen beruht. Le Verrier selbst schlug als Namen die Bezeichnung Neptun vor.

Die Entdeckung eines Planeten aufgrund mathematischer Berechnungen wurde als großer Triumph für die Wissenschaft angesehen. Niemand zweifelte mehr an der Richtigkeit des kopernikanischen Weltsystems, wonach die Sonne und nicht die Erde im Mittelpunkt steht.

Obwohl Pluto heute nicht mehr zu den großen Planeten zählt, wollen wir kurz seine Entdeckung behandeln. Auch Neptun zeigte Bahnstörungen, allerdings nur sehr geringe. Am 18. Februar 1930 wurde Pluto am Lowell-Observatorium eher durch einen Zufall gefunden. Man hatte 25 Jahre nach ihm gesucht. Entdeckt hat ihn Clyde Tombaugh. Bereits im Jahr 1905 begann die intensive Suche nach einem weiteren

Objekt jenseits der Neptunbahn. Percival Lowell, der das nach ihm benannte Observatorium finanziert hat, wollte unbedingt diesen Planeten finden. Es stellte sich später heraus, dass Pluto tatsächlich auf den Aufnahmen von Lowell aus dem Jahr 1915 zu finden war, allerdings wurde das Objekt damals nicht erkannt. Pluto ist nur mehr in größeren Teleskopen zu erkennen, er besitzt 15. Größenklasse an Helligkeit. Man schätzte seinen Durchmesser auf Erdgröße. Wir wissen heute, dass Pluto kleiner als der Mond ist, aber selbst ein erdgroßer Planet würde nicht genügen, um die Bahnstörungen des Neptun zu erklären. So sucht man bis heute weiter nach dem Planeten X. Lange Zeit wusste man wenig über den Pluto. Er ist selbst in großen Teleskopen nur punktförmig erkennbar, man sieht keine Oberflächendetails. Im Jahr 1978 entdeckte man aber dann den Mond Charon. Was das bedeutet, wissen wir bereits. Ein Himmelskörper der einen anderen umkreist, kann mithilfe des Dritten Keplergesetzes zur Massebestimmung herangezogen werden. Der genaueste Wert der Größe Plutos gelang erst mit der Raumsonde New Horizons, die Pluto im Jahr 2015 besuchte. Der Durchmesser Plutos beträgt somit 2 370 Kilometer. Da man weitere Objekte der Größe Plutos gefunden hat, und weil Pluto möglicherweise sogar ein entkommener Mond Neptuns sein könnte, wurde auf der Generalversammlung der Astronomischen Union 2006 in Prag beschlossen, Pluto nicht mehr zu den großen Planeten zu zählen und es wurde eine neue Gruppe eingeführt, die Zwergplaneten. Unser Sonnensystem enthält acht große Planeten, Zwergplaneten, sowie Asteroiden.

Größenvergleich zwischen Erde, Mond und Pluto mit seinem Mond Charon. Pluto ist deutlich kleiner als unser Mond.

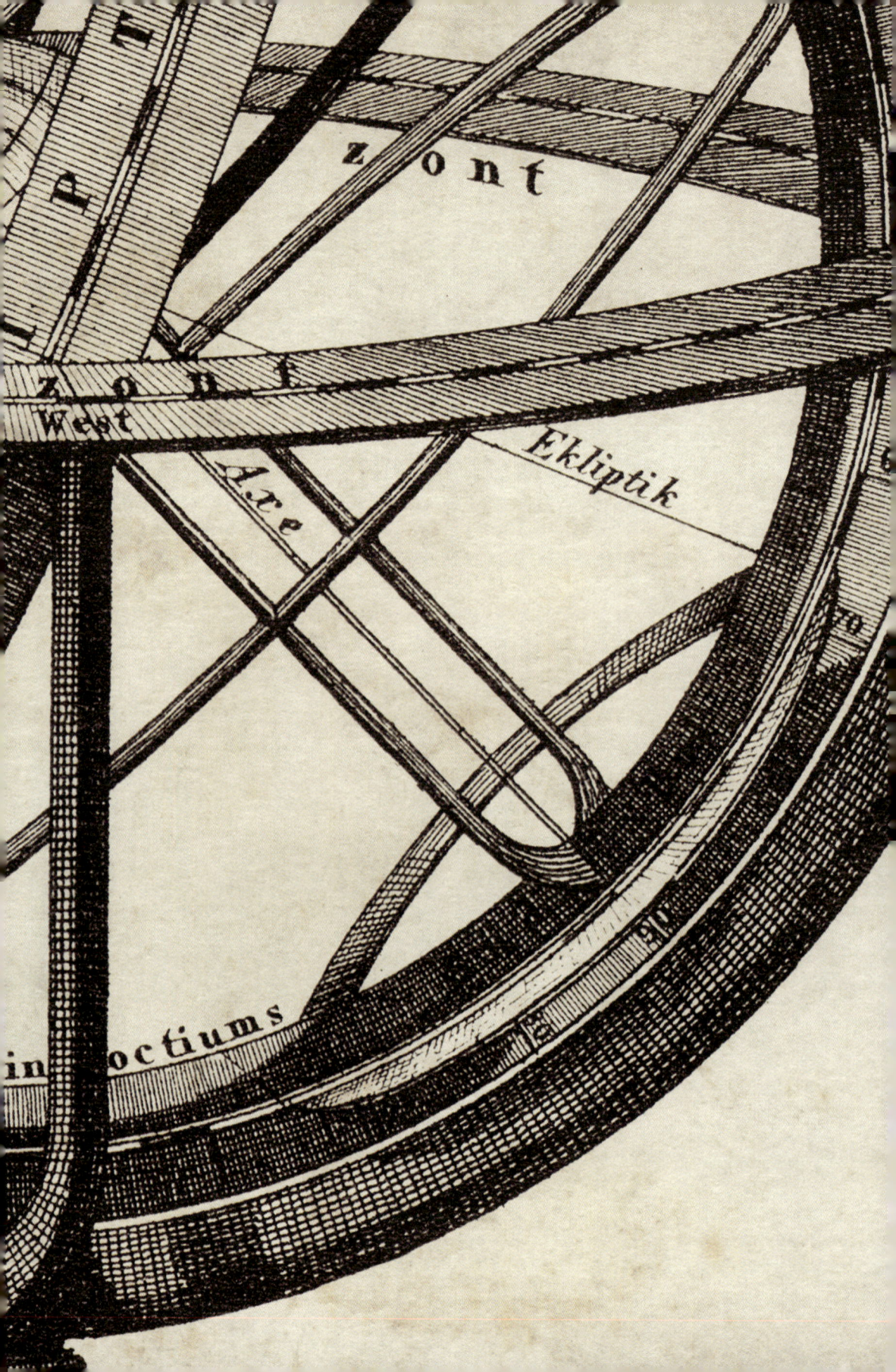

Von der Sonne
zu den Sternen

Die Sonne – ein normaler Stern?

Die Menschheit versuchte seit jeher, den Platz unserer Erde im Kosmos einzuordnen. Seit Kopernikus wusste man, dass sich die Erde um die Sonne bewegt, man sah die Sonne im Zentrum des Systems. In alten Kulturen wie bei den Ägyptern spielte die Sonne eine besondere Rolle. Es gab den Sonnengott Aton, Ra oder Re, Chepre, Horus, Atum.

Aton stieg unter der Herrschaft des Pharaos Echnaton zum Sonnengott, dem höchsten Wesen auf als Weiterentwicklung des Re.

Weitere Beispiele für den Sonnengott in anderen Kulturen waren: Mithra (Perser), Apollo (Römer), Utu (Sumerer), Lugh (Kelten), Apollon, Helios (Griechen), Magec (Guanchen).

Aus diesen Vorstellungen lässt sich erklären, dass die Sonne, wenn sie schon göttlicher Natur war, makellos sein musste. Umso mehr erregten Beobachtungen der Sonnenflecken Aufsehen. Die Sonne erscheint uns mit freiem Auge etwa 0,5 Grad groß (gleich groß wie der Mond). Mit bloßem Auge lassen sich sehr große Sonnenflecken mit einer Ausdehnung von mehr als 40 000 km (entspricht der dreifachen Erdgröße) bei tiefstehender Sonne, oder wenn die Sonne durch Wolken oder Nebel abgeschwächt ist, erkennen. So gibt es erste Berichte von Sonnenflecken schon aus dem alten China. Galilei, Scheiner und andere waren die ersten, die Sonnenflecken mit einem Teleskop beobachteten (um 1610). Natürlich darf man unter gar keinen Umständen direkt durch das Teleskop in die Sonne blicken, das Auge würde sofort für immer erblinden. Man kann jedoch die Sonne gefahrlos beobachten, wenn man hinter einem Teleskop einen Projektionsschirm anbringt.

Genau dies taten Galilei und andere. Die älteste private Aufzeichnung stammt aus dem Jahr 1610 von Thomas Hariott. 1611 publizierte Johann Fabricius erstmals über die Sonnenflecken. Doch was sind Sonnenflecken wirklich, handelt es sich um Erscheinungen der Sonnenoberfläche oder um Planeten, die vor der Sonnenscheibe vorbeiziehen? Laut kirchlicher Lehrmeinung sollte die Sonne ein makelloser Körper im Zentrum der Welt sein. Galilei veröffentlichte 1613 seine *lettere solari*. Er meinte bereits damals, dass Sonnenflecken tatsächlich etwas mit der Sonne zu tun haben müssten. So kam es 1615 zum ersten Inquisitionsverfahren gegen Galilei, weil er obendrein noch für das heliozentrische Weltbild eintrat. Aber der ganze Wirbel um die Sonnenflecken legte sich bald, da es zwischen 1645 und 1715 fast keine Flecken auf der Sonne gab. Wir sprechen heute vom „Maunder Minimum", die Sonne war etwa 70 Jahre lang nur sehr schwach aktiv, in Mitteleuropa gab es ungewöhnlich kalte Sommer und eisige Winter. Wir nähern uns gerade wieder dem Minimum an.

Noch genauer befasste sich dann Samuel Heinrich Schwabe mit den Sonnen-flecken, obwohl er sich eigentlich gar nicht für die Flecken selbst interessierte, son-dern nach weiteren Planeten innerhalb der Merkurbahn suchte, die von Zeit zu Zeit über die Sonnenscheibe wandern sollten. Er fand keine neuen Planeten, aber durch seine genauen Aufzeichnungen und täglichen Sonnenbeobachtungen ent-deckte er den elfjährigen Sonnenfleckenzyklus. Unsere Sonne ist also ein aktiver Stern mit einer Aktivitätsperiode von elf Jahren.

Früher wurden Sonnenflecken für ein böses Omen gehalten. Die Sichtung eines riesigen Flecks mit bloßem Auge im Jahr 813 wurde als Vorzeichen für den Tod Karls des Großen gehalten, der auch in demselben Jahr eintrat.

Lange war nicht klar, was Sonnenflecken wirklich sind, man dachte an Erschei-nungen der Sonnenoberfläche, an Wolken, die vor die Sonne ziehen, an innere unbekannte Planeten …
Wir wissen heute, dass Sonnenflecken Erscheinungen der Oberfläche der Sonne sind. Sie sind dunkel, weil sie weniger heiß sind. Die Oberfläche der Sonne besitzt eine Temperatur von etwa 6 000 K (0 K = -273 Grad Celsius). In den Flecken ist es angenehm kühl, nur mehr um die 4 000 K. Der Grund dafür sind starke Magnet-felder. Diese behindern das Nach-oben-Strömen heißen Sonnenplasmas.

Gewaltige Ausbrüche auf der Sonne können für uns gefährlich werden. Funkverbindungen und GPS-Signale werden gestört.

Die Welt der Sterne

Um 1800 war schon relativ viel über unser Sonnensystem bekannt, aber die Welt der Sterne schien zunächst unnahbar. Natürlich stellte man sich Fragen wie:

Was ist ein Stern?   Ist unsere Sonne ein Stern?

Wie weit sind Sterne entfernt?   Woraus bestehen Sterne?

Wie entwickeln sich Sterne?

Wir haben schon von der jährlichen Parallaxe gesprochen, eine Verschiebung der Position näherer Sterne relativ zu einem weit entfernten Hintergrund aufgrund der jährlichen Bewegung der Erde um die Sonne. Die Messung der ersten Fixsternparallaxen zeigte eindeutig, dass die Sterne wesentlich weiter von uns entfernt sein müssen als die Sonne. Unsere Sonne in typischer Entfernung eines nahen Sternes wäre ein unscheinbares Sternchen am Himmel, gerade noch mit bloßem Auge erkennbar. Man hat die Helligkeit der Sterne in Größenklassen definiert. Im Altertum nannte man die hellsten Sterne Sterne erster Größe, dann folgen die etwas schwächeren Sterne zweiter Größe und die schwächsten unter sehr guten Bedingungen bei vollständig dunklem Himmel gerade noch mit bloßem Auge erkennbaren Sterne nannte man Sterne sechster Größe. Später hat man diese Skala noch weiter ausgedehnt, ein Stern 0. Größe ist heller als ein Stern erster Größe. Der Vollmond hat in diesem System -12. Größe, die Sonne -27. Größe. Der hellste Planet, die Venus, kann -4.5 an Helligkeit erreichen und ist dann mit bloßem Auge auch am Taghimmel zu sehen, vorausgesetzt, man weiß genau, wo sie sich befindet.

Die Farben des Regenbogens

Man entdeckte, dass bestimmte Stoffe beim Verbrennen die Flamme eines Bunsenbrenners färben. Vielleicht erinnern Sie sich noch an Schulexperimente im Chemieunterricht. Gibt man Salz in eine Flamme, wird die Flamme augenblicklich gelb. Grund dafür ist, dass Salz, Natriumchlorid, eine Verbindung der Elemente Natrium und Chlor ist. Natrium verbrennt mit gelber Flamme. Die Gelbfärbung rührt also von Natrium her. Kupfer verursacht bei der Verbrennung eine grünblaue Verfärbung. Man kann also aus der Farbe etwas über die Zusammensetzung sagen. Darauf beruht die Methode der Spektralanalyse. Man zerlegt das Licht mithilfe eines Glasprismas oder eines Gitters und sieht dann im Spektrum dunkle und helle Linien, die Spektrallinien. Jedes chemische Element zeichnet sich durch ganz bestimmte Linien aus. Aus der Spektralanalyse können wir also die Zusammensetzung der Sterne ermitteln.

Prinzip der Spektralanalyse: Weißes Licht wird durch ein Glasprisma in die Farben des Regenbogens zerlegt.

farbiges Licht

Weißes Licht

Lichtquelle

Prisma

Spektren kennen wir alle. Denken wir an den Regenbogen. Dieser enthält die Farben violett, indigo, blau, grün, gelb, orange und rot. Diese Farben entstehen durch Zerlegung des Sonnenlichtes an feinen Wassertröpfchen. Das sind sieben Farben. Die Zahl 7 spielte in den westlichen Kulturkreisen eine besondere Rolle. Es gab sieben Himmelskörper, die sich am Himmel bewegten, es gibt sieben Musiknoten … Der griechische Philosoph Pythagoras liebte Zahlen und aufgrund dieser genannten Phänomene war 7 eine magische Zahl für ihn. Auch der große Physiker Newton wies in seiner berühmten Farbenlehre auf die Bedeutung der Zahl 7 hin.

Doch zuvor noch ein Wort über die Entwicklung der Sterne. Stellen wir uns eine Eintagsfliege vor. Diese möchte wissen, wie sich Menschen entwickeln, aber sie lebt nur einen Tag. Innerhalb eines Tages verändern wir uns nur unmerklich, durch diese Momentaufnahme an einem einzelnen Menschen kann die Fliege also nichts über die Entwicklung eines Menschen lernen. Aber sie könnte eine Momentaufnahme von vielen Menschen machen und aus der Tatsache, dass sich auf dieser Aufnahme große Menschen, kleine Menschen, Menschen, die krabbeln, befinden, schließen, wie sich Menschen vom Baby zum Erwachsenen entwickeln. Genau dies können wir auf die Entwicklung der Sterne anwenden. Wir beobachten viele Sterne und können daraus die Entwicklung der Sterne und der Sonne ableiten.

Aus diesen Überlegungen folgte schließlich, dass unsere Sonne ein ganz normaler Stern ist, der etwa 4,6 Milliarden Jahre alt ist und noch weitere 4 Milliarden Jahre am Himmel leuchten wird. So erweiterte sich erneut unser Weltbild. Die Sonne ist nur ein Stern unter sehr vielen anderen.

Newtonsche Farbenlehre, man erkennt die sieben Farben des Regenbogens.

Die Entfernung der Sterne

Bereits in den vorigen Kapiteln wurde mehrfach über Parallaxen gesprochen sowie über die Anstrengung, diese kleinen Verschiebungen, die sich bei den Sternen wegen der jährlichen Erdumlaufbewegung um die Sonne ergeben, zu messen. Diese Winkel sind wegen der großen Entfernungen der Sterne sehr klein. Je weiter entfernt ein Stern, desto kleiner der Winkel. Der nächste Stern (abgesehen von der Sonne) hat eine Parallaxe von weniger als 1 Bogensekunde. Eine Bogensekunde ist 1/3600 eines Grades oder 1/1800 des scheinbaren Durchmessers der Sonne oder des Mondes am Himmel. Wie klein dieser Winkel ist, zeigt folgendes Gedankenexperiment. Stellen Sie sich eine 1–Euro-Münze vor, betrachtet aus einer Entfernung von 4,8 Kilometern. Dann ist der Winkel, unter dem man diese Münze mit freiem Auge sehen könnte (was natürlich nicht geht) genau 1 Bogensekunde.

Entfernungen gibt man in der Physik in der Einheit *Meter* an. Doch dies wäre für astronomische Objekte äußerst umständlich, weil sich wahrhaft astronomische Zahlen ergeben würden. Deshalb gibt man Entfernungen der Himmelskörper in Lichtjahren an.
Der nächste Stern (abgesehen von der Sonne) ist am südlichen Sternenhimmel zu sehen, Alpha Centauri. Er ist etwas mehr als 40 000 000 000 000 Kilometer, also vier Lichtjahre, von uns entfernt. Mit unseren heutigen technischen Mitteln würde eine Reise dorthin mehrere 10 000 Jahre dauern.

Durch immer verbesserte Methoden konnten immer kleinere Winkel am Himmel bestimmt werden und somit kleinere Parallaxen, das heißt, man konnte die Entfernung weiter entfernter Sterne bestimmen. Mithilfe von Weltraumsatelliten können wir heute Winkel im Bereich 1/1000 Bogensekunden messen, ein Stern mit dieser Parallaxe wäre dann mehr als 3 000 Lichtjahre von uns entfernt.

Die beiden hellen Sterne Alpha und Beta Centauri. Im roten kleinen Kreis ist der Exoplanet Proxima Centauri markiert, der uns am nächsten steht, jedoch nur mit Teleskopen gesehen werden kann.

Die Farben der Sterne

Neben der Entfernung der Sterne wollen wir natürlich auch wissen, wie heiß es dort ist. Wie bestimmt man also die Temperatur strahlender Körper wie Sterne? Fasst man Licht als eine Welle auf, dann liegt der Unterschied zwischen Rotem und Blauem Licht einzig und allein in der Wellenlänge. Rotes Licht hat eine größere Wellenlänge als blaues Licht. Rotes Licht sehen wir bei einer Wellenlänge von etwa 600 nm, blaues Licht bei etwa 400 nm. Dabei bedeutet *nm* ein *Nanometer*, nano = 10^{-9} also ein Milliardstel.

Es gibt eine Gesetzmäßigkeit zwischen der Ausstrahlung eines Körpers und dessen Temperatur. In einem einfachen Gedankenexperiment können wir uns das verdeutlichen. Stellen sie sich vor, eine Herdplatte wird eingeschaltet. Zunächst sieht man nichts, man kann die Wärme der Platte jedoch fühlen. Wird die Platte heißer, beginnt sie zunächst dunkelrot zu glühen, dann hellrot, dann orange … Wenn die Platte nur Wärme abstrahlt, ohne zu glühen, spricht man von Wärmestrahlung, oder Infrarotstrahlung. Diese Strahlung können wir mit unseren Augen nicht sehen, aber wir fühlen sie. Wird die Platte heißer, glüht sie dunkelrot. Rot hat eine kürzere Wellenlänge als Infrarot. Glüht die Platte orange, ist sie noch heißer, orange hat eine kürzere Wellenlänge als rot.

Dieses Experiment zeigt deutlich, dass die Farbe eines strahlenden Körpers mit der Temperatur zusammenhängt. Dies konnte der österreichische Physiker Wilhelm Wien (1864–1928) zeigen.

Das Wiensche Gesetz lautet: Das Produkt aus der Temperatur eines leuchtenden Körpers und der Wellenlänge, bei der er am hellsten strahlt, ist eine Konstante.

$$T\lambda_{max} = const$$

Das Wiensche Gesetz kann man sich einfach merken: Je heißer ein Körper, desto mehr rückt das Maximum seiner Strahlung zu kurzen Wellenlängen. Für die Sterne bedeutet dies:
Heiße Sterne sind blau, kühle Sterne sind rötlich (blau hat eine kürzere Wellenlänge als rot).

Betrachten Sie mit bloßem Auge den Sternenhimmel und achten Sie dabei auf die Farben von hellen Sternen. Der Stern Wega leuchtet weiß bis leicht blau, der Stern Antares eher rötlich. Deshalb muss Wega heißer sein als Antares: Wega hat etwa 10 000 K Oberflächentemperatur, Antares hingegen um die 3 000 K. Die Temperatur für die Sonne aus dem Wienschen Gesetz ist etwa 6 000 K.
Sehr heiße Sterne haben Oberflächentemperaturen von mehr als 20 000 K. Planeten sind kühl und man kann sie daher im Infrarot besser beobachten.

Die Welt im Kleinen

Das Atom und die Griechen

Um die Welt im Großen zu verstehen, müssen wir auch die Welt im Kleinen verstehen. Woraus besteht Materie? Was unterscheidet Eisen von Wasser? Solche Überlegungen finden wir schon bei den Griechen.

Es entstand eine zunächst nicht überprüfbare philosophische Vorstellung, der Atomismus. Nach dieser Überlegung ist die Materie aus kleinen Grundbausteinen aufgebaut, die selbst nicht weiter teilbar sind. Die griechische Bezeichnung dafür ist *atomos*, unteilbar. Im 5. Jahrhundert v. Chr. vertrat als erster Leukipp die Atomvorstellung und Demokrit (ca. 460–371 v. Chr.) hat sie dann weiter ausgebaut.
Die zentrale Aussage des Atomismus lässt sich in etwa so formulieren:

> *Nur scheinbar hat ein Ding eine Farbe, nur scheinbar ist es süß oder bitter, in Wirklichkeit gibt es nur Atome im leeren Raum.*

Es soll sehr viele unterschiedliche Atome geben. Demokrit geht aber noch einen Schritt weiter. Er führt sogar unsere Wahrnehmung auf Atome zurück. Die Seele soll aus Seelenatomen bestehen. Sterben wir, dann werden diese Seelenatome frei und können eine neue Seele bilden. Das gesamte Universum beruht auf Zufall oder auf Notwendigkeit. Man nennt dies auch den atomistischen Materialismus. Nach Ansicht des Demokrit sind die Atome die ewigen Dinge, dazwischen gibt es Leere. Man kann also die Welt ohne metaphysische Annahmen verstehen. Was sind metaphysische Annahmen? Das sind die Fragen, die alle Menschen interessiert hatten. Was sind die letzten Ursachen der Welt, warum gibt es die Welt überhaupt, hat das Leben einen Sinn, gibt es Gott, besitzt der Mensch eine unsterbliche Seele, das Leib-Seele-Problem?

Studiert man die Vorstellungen Demokrits genauer, so erkennt man durchaus moderne Konzepte der Physik in seinen Ansätzen, etwa das Kausalgesetz. Kausalität bedeutet, dass jede Wirkung einer Ursache bedarf. Zuerst kommt die Ursache, dann die Wirkung. Auch ist von einer Massenanziehung die Rede, die mehr als 2 000 Jahre später Newton in seinem Gravitationsgesetz formuliert hat.
Auch in Indien wurde das Atomkonzept vertreten.
Es gab auch ein Gegenkonzept zum Aufbau der Materie. Danach ist Materie nichts anderes als ein beliebig teilbares Kontinuum. Sie besteht also nicht aus kleinen unteilbaren Einheiten, den Atomen, sondern ist beliebig in immer kleinere Teile zerlegbar.

Alle griechischen Philosophen, die vor Sokrates gelebt haben, werden als Vorsokratiker bezeichnet. Sokrates selbst lebte von 470–399 v. Chr. Die vorsokratische Zeit

Demokrit, der Begründer der Atomtheorie.

ist von 600 bis 450 v. Chr. Die Zentren dieser Denkschulen lagen nicht im heutigen Griechenland, sondern im Westen Kleinasiens sowie in Süditalien. Die sogenannten Vorsokratiker suchten nach dem Urstoff, aus dem alles hervorgegangen sein sollte. Für Thales, einen der sogenannten sieben Weisen, war dieser Urstoff das Wasser. Thales (624 bis ca. 544 v. Chr.) hat auch Beiträge zur Mathematik geliefert, soll eine Sonnenfinsternis vorhergesagt haben und versuchte eine wissenschaftliche Erklärung der Nilüberschwemmungen in Ägypten.

Für Anaximenes (585–528 v. Chr.) war die Ursubstanz die Luft, für Heraklit (um 500 v. Chr.) war es das Feuer.

Empedokles lebte etwa zwischen 482 und 430 v. Chr. Er geht von vier Elementen aus: Feuer, Luft, Wasser und Erde. Seiner Meinung nach gibt es kein Entstehen und Vergehen, sondern es ändern sich nur die Mischungsverhältnisse dieser Elemente. Alles, was in der Welt als Entstehen und Vergehen erscheint, ist nichts als eine Mischung und Entmischung dieser Elemente. Dieser Vorgang wiederholt sich unendlich oft. Vor Empedokles hatten auch Thales von Milet und Heraklit ähnliche Ansichten vertreten.

Platon war ein Schüler des Sokrates. Er lebte von 428–348 v. Chr. und vertritt in seinem Werk *Timaios* folgende Vorstellung der Welt: Demiurg soll ein Schöpfergott sein. Er greift in die ungeordnete Materie, die „Chora", ein und formt daraus den Kosmos. Dabei ist aber alles eine Nachbildung der ewigen Ideen. Dies hat Platon sehr anschaulich in seinem Höhlengleichnis dargelegt. Die Dinge, die wir mit

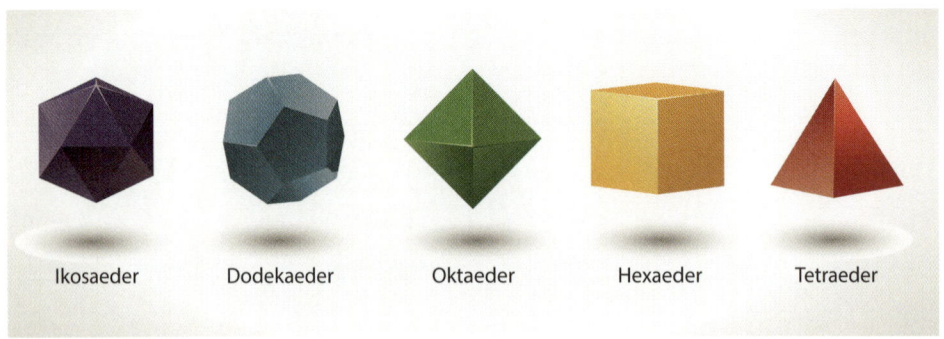

Die fünf platonischen Körper: Tetraeder (vier Flächen, Oberfläche aus vier Dreiecken),
Hexaeder, Oktaeder, Dodekaeder (zwölf Flächen), Ikosaeder (zwanzig Flächen).

unseren Sinnen wahrnehmen (also sehen oder hören) sind nur Schatten der Ideen.
Die Ideen sind das wahre Seiende. Aus der Chora entstehen durch das Eingreifen
des Demiurgen die fünf Elemente: Erde, Wasser, Luft, Feuer und Äther. Diese haben die Form der fünf platonischen Körper. Die Welt, die wir wahrnehmen, ist also
Abbildung einer idealen eigenständigen Welt, es ist die Welt der Ideen. Das Reich
der Ideen kann nur auf geistigem Weg erkannt werden. Wie kommt man zu den
Ideen? Man muss das Allgemeine suchen, das Wesen der Dinge und von besonderen spezifischen Eigenschaften abstrahieren. Platon beschreibt auch die Seele, die
unsterblich ist und unabhängig vom Körper existiert, sie ist vor dem Körper da und
auch nach dem Tode.

Platon hat sich auch der Frage gewidmet, was denn Erkenntnis sei. Er kommt zu
dem Schluss, dass zur Erkenntnis die Sinneswahrnehmungen allein nicht aus-
reichen, sondern dass diese lediglich zu einer Meinung führen. Der Zugang zur
Wahrheit und damit zu echtem Wissen ist der Seele nur im Denken möglich. Dieses Denken sollte sich von Sinneswahrnehmungen losgelöst haben.
Es gibt zwei Seinsbereiche: Die sinnlich wahrnehmbare Beschaffenheit sowie das
nicht sinnlich wahrnehmbare Wesenhafte.

Aristoteles (384–322 v. Chr.) geht von dem Konzept aus, dass es das Allgemeine,
die Form, gibt sowie das, was geformt wird. Was geformt wird, ist Materie (*hyle*),
aus der geformten Materie entsteht die Wirklichkeit (*Entelechie*). Materie ist also
die Möglichkeit, geformt zu werden (*dynamis*). Unsere Gedanken formen also quasi die Wirklichkeit.

Materie und Geist

Existiert alles, was wir beobachten können, was wir mit unseren Sinnen erfahren? Was passiert eigentlich, wenn wir etwas beobachten? Gibt es die Dinge auch, wenn wir sie nicht beobachten?

Diese Fragen muten seltsam an, aber wie wir bald sehen werden, stellt sich genau die moderne Physik solche Fragen. In welcher Beziehung stehen Beobachter und Materie selbst? Existieren wir unabhängig von der Materie?

Dies führt uns zu dem Begriff der Seele beziehungsweise zum Leib-Seele-Problem. Es gibt zwei große philosophische Meinungen zu diesem Problem. Im Dualismus existieren sowohl der Geist als auch die Materie. Man muss aber zwischen den beiden unterscheiden. Die Monisten erkennen nur entweder die Existenz des Geistes oder der Materie an.

Betrachten wir folgendes Beispiel: Wir stechen uns an einer Nadel. Natürlich werden wir ein Schmerzempfinden haben und die Hand sofort zurückziehen. Aber wie genau erfolgt diese Interaktion zwischen dem, was Materie anbelangt (Nadel, Hand, Weiterleitung des Reizes an das Gehirn) und dem Handeln (das ja eine Funktion des Geistes ist, also ein Prozess im Gehirn) genau? Es gibt hier mehrere Richtungen, die nicht alle aufgezählt werden sollen. Aber als Beispiel sei der *Interaktionalistische Substanzdualismus* genannt. Wie kann man diese beiden furchtbaren Wörter einfach erklären? Gehen wir nochmals zum Beispiel mit der Nadel zurück. Die Interaktion, also die Wechselwirkung, findet zwischen der Nadel und dem Finger der Hand statt. Dualismus bedeutet, dass es zwei Dinge gibt, nämlich Materie und Geist. Diese beiden Dinge existieren und beeinflussen sich gegenseitig. René Descartes (1596–1650) hat zum ersten Mal davon gesprochen. Descartes stellte sich auch die Frage nach dem, was wir wirklich wissen können. Er meinte, man müsse alles anzweifeln. Unsere Sinnesorgane können uns beispielsweise täuschen. Aber eines ist gewiss. Wir denken. Indem wir denken, gibt es uns, sind wir also existent, daher der berühmte Ausspruch nach Descartes: *cogito ergo sum*. Ich denke, also bin ich.

Descartes hat in seinem *Discours de la methode* auch die Grundprinzipien dargelegt, die heute noch in den Naturwissenschaften angewendet werden:

Skepsis: Nichts für wahr halten, was nicht so klar und deutlich erkannt wird, dass es nicht in Zweifel gezogen werden kann.
Analyse: Schwierige Probleme in Teilschritten erledigen.
Konstruktion: Vom Einfachen zum Schwierigen fortschreiten (induktives Vorgehen: vom Konkreten zum Abstrakten).
Rekursion: Stets prüfen, ob bei der Untersuchung Vollständigkeit erreicht ist.

Sir Karl Popper, 1902–1994.

Diese dualistische Auffassung wurde von Karl Popper (1902–1994) erweitert. Er schreibt von drei Welten: der physikalischen Welt, dem menschlichen Bewusstsein, und Dingen, die unabhängig vom individuellen menschlichen Bewusstsein existieren.

Betrachten wir den Bauplan eines Hauses. Dieser gehört zur Welt 3. Er wird von einem Baumeister (Welt 2) verstanden und in ein Haus umgesetzt (Welt 1).

Was die Vorgehensweise in den Wissenschaften anbelangt, gibt es bei Popper einen interessanten Ansatz. Er meint, man könne jede beliebige Theorie aufstellen. Im Nachhinein werden aber dann Experimente gemacht. Wissenschaftler sollten versuchen, ihre Theorien zu widerlegen.

Beim *Nichtinteraktionistischen Substanzdualismus*, der auf Gottfried Wilhelm Leibniz (1646–1716) zurückgeht, nimmt man an, dass Geist und Materie zwei verschiedene Substanzen sind, die nicht aufeinander wirken. Nehmen wir an, wir gehen zum Kühlschrank. Das ist einerseits ein mentaler, geistiger Akt, aus einem bestimmten Grund wollen wir zum Kühlschrank gehen, und zweitens gehen wir, also ist es auch ein physischer Akt. Wie passen diese beiden Akte dann zusammen, wenn es keine Interaktion gibt, sondern nur einen Parallelismus. Dieser Parallelismus bedingt, dass die geistige Handlung mit der körperlichen Handlung übereinstimmt. Nach Leibniz ist Gott dafür verantwortlich. Gott synchronisiert also diese beiden Welten, die ansonsten nichts miteinander zu tun haben.

Auf Gustav Theodor Fechner (1801–1887) geht der *Psychophysische Parallelismus* zurück. Beide Welten, die geistige und die materielle, existieren, sind aber nur jeweils ein Aspekt derselben Ursache. Man nennt dies auch Zwei-Seiten-Lehre. Das klingt sehr abstrakt, aber wir kennen dies aus der Physik. Licht kann einerseits als Wellenphänomen betrachtet werden, andererseits als Teilchen. Je nach Experiment zeigt es entweder Wellen- oder Teilcheneigenschaften.

Man nennt diese philosophische Richtung auch den *Eigenschaftdualismus*. Diese philosophischen Überlegungen zum Leib-Seele-Problem hatten auch große Auswirkungen auf die Physik, wie wir im nächsten Kapitel sehen.

Was ist eigentlich Licht?

Nun zu einer zunächst sehr trivial erscheinenden Frage. Licht, was ist das eigentlich? Mit der Erforschung des Lichtes und dessen Eigenschaften wurde die moderne Physik begründet. Klar ist, dass das Licht und die Analyse des Lichtes die einzige Möglichkeit bietet, etwas über weit entfernte Sterne oder Galaxien zu erfahren, zu denen wir niemals reisen könnten.

Die wahre Natur des Lichtes war eigentlich lange Zeit ein großes Rätsel der Physik. Der Grund dafür ist, dass sich Licht seltsam verhält.

Wir alle kennen eine einfache Rechnung: 1 + 1 = 2. Bei Licht kann das manchmal anders sein. Addieren wir zwei Lichtstrahlen, dann ergibt sich unter bestimmten Umständen Dunkelheit, die beiden Lichtstrahlen löschen einander aus, Licht + Licht ergibt also mitunter Dunkelheit. Wie kann man ein solches Verhalten verstehen?

Bestimmt haben Sie schon mal Wasserwellen in einem See beobachtet, wenn Sie beispielsweise einen Stein hineinwerfen. Eine Welle breitet sich aus. Sobald ein zweiter Stein hineingeworfen wird, breiten sich zwei Wellen aus. Diese Wellen können sich überlagern, in der Physik nennt man dies Interferenz.

Jetzt können wir das Rätsel lösen, weshalb Licht + Licht manchmal Dunkelheit ergibt. Wenn die beiden Wellen sich so überlagern, dass sie sich gegenseitig auslöschen, dann ergibt sich tatsächlich eine Nullinie. Man nennt dies auch destruktive Interferenz. Andererseits können sich die beiden Wellen auch addieren.

So dachte man lange Zeit, Licht sei eine Welle. Wie wir von Wasserwellen her wissen, bewegen sich Wellen auf einem Medium. Worauf bewegen sich also die

Interferenz zweier Wellen. Addiert man die beiden Wellen, dargestellt durch die blaue und orange Kurve, dann ergibt sich an allen Punkten entlang der x-Achse der Wert Null. Zwei Wellen können einander also auslöschen. Dies nennt man destruktive Interferenz.

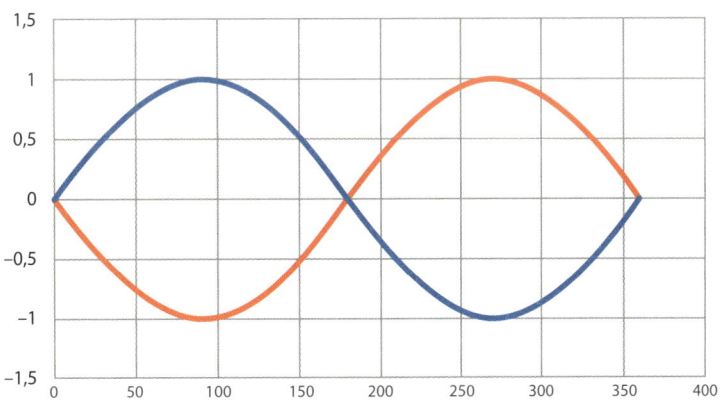

Lichtwellen? Man dachte, dass sich die Wellen durch ein Medium, den sogenannten Äther bewegen, ähnlich wie sich Wasserwellen auf der Oberfläche eines Sees ausbreiten. Der Raum zwischen den Planeten, Sternen sollte also nicht leer sein, sondern erfüllt mit dieser Substanz.

In der ionischen (griechischen) Philosophie ging man von Elementen aus, aus denen alles aufgebaut sei. Nach Aristoteles gibt es vier irdische Elemente, Erde, Wasser, Feuer, Luft. Und dann kommt noch ein fünftes Element dazu, Äther (später auch als Quintessenz bezeichnet). Diesem Element werden zwei besondere Eigenschaften zugeschrieben: Erstens gibt es dieses Element nicht auf der Erde, sondern nur im Raum um die Erde, zweitens ist es im Gegensatz zu den vier irdischen Elementen nicht verwandelbar. Damit hat Aristoteles auch die Vorstellung gefestigt, dass es einen prinzipiellen Unterschied zwischen den Dingen hier auf der Erde und denen im Himmel gibt. In der chinesischen Kultur gibt es übrigens 5 Elemente: Metall, Holz, Erde, Wasser und Feuer.

Natürlich versuchten die Naturforscher der Neuzeit, die Bewegung der Erde durch diesen Äther nachzuweisen.

Betrachten wir die jährliche Bewegung der Erde um die Sonne: Wir sehen, dass sich durch den Erdumlauf die Bewegung relativ zu einem angenommenen Ätherwind ändert, es müssten sich also jahreszeitliche Effekte nachweisen lassen. Dies wurde in vielen Experimenten versucht, besonders berühmt wurden die Versuche von Michelson und Morley. Ziel dieser Experimente war es, die Geschwindigkeit der Erde relativ zum Lichtäther zu ermitteln. Das Experiment wurde von A. A. Michelson im Jahr 1881 in Potsdam und später von E.W. Morley (ebenfalls 1881) in Cleveland durchgeführt. Das Ergebnis dieser Messungen war negativ. Es konnte kein Äther nachgewiesen werden. Ist Licht also keine Welle?

Eine andere Möglichkeit, die Natur des Lichtes zu erklären, wäre die Annahme, dass es aus kleinen Teilchen besteht, die sich ausbreiten. Dies nennt man auch Korpuskulartheorie des Lichtes. Sie wurde etwa von Newton vertreten. Licht besteht aus winzigen Teilchen, die von leuchtenden Körpern mit großer Geschwindigkeit abgestoßen werden. Die Lichtgeschwindigkeit sollte dann von der Geschwindigkeit der Lichtquelle abhängig sein. Man kann mit diesem Modell einige Eigenschaften des Lichtes erklären.

Die jährliche Bewegung der Erde um die Sonne.

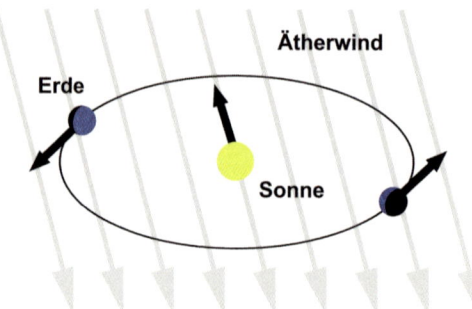

Licht breitet sich geradlinig aus. Solange auf die Lichtteilchen keine Kraft einwirkt, werden sich diese geradlinig ausbreiten. Licht wird reflektiert, auch das lässt sich mit der Korpuskulartheorie gut verstehen. Bei der Reflexion des Lichtes werden die Teilchen einfach zurückgestoßen. Die unterschiedlichen Farben des Lichtes erklärt man sich durch eine unterschiedliche Größe der Lichtteilchen. Newton meinte auch, dass die Lichtteilchen durch die Schwerkraft massereicher Körper abgelenkt werden könnten.

Die Geschwindigkeit des Lichtes

Bevor wir uns der Frage widmen, was Licht eigentlich ist, betrachten wir eine wichtige Eigenschaft des Lichtes, nämlich dessen Ausbreitungsgeschwindigkeit. Die Frage ist, ob sich Licht unendlich schnell ausbreitet oder doch mit einer endlichen Geschwindigkeit. Wir werden sehen, dass Licht sich mit einer Geschwindigkeit von c = 300 000 km/s ausbreitet. Das bedeutet, in einer Sekunde legt das Licht eine Strecke zurück, die etwa dem siebenfachen Umfang der Erde entspricht. Das ist eine fast unvorstellbar hohe Geschwindigkeit. In etwas mehr als einer Sekunde legt das Licht die Distanz zwischen Erde und Mond zurück.
Wie kann man eine derart hohe Geschwindigkeit bestimmen? Eine sehr genaue Methode ist die Drehspiegelmethode.

Für die mathematisch Interessierten hier eine kleine Ableitung:
Licht fällt von einem Punkt D durch eine Öffnung auf einen rotierenden Spiegel. Dieser reflektiert das Licht zu einem im Abstand S befindlichen Spiegel, von dem es wieder zum Drehspiegel reflektiert wird. Anschließend trifft das Licht am Ort P auf, da sich während der Zeit, die das Licht benötigte, um die Strecke $2\,S$ zu durchlaufen, der Drehspiegel um den kleinen Winkel β weiterbewegt hat. Es gilt die Beziehung:

$2S = c\,t$
und
$β = πft$

Wobei f die Drehfrequenz des Spiegels ist und t die Laufzeit des Lichtes. Die Strecke X, um die das Licht verschoben auffällt, ergibt sich näherungsweise zu $X = L2\,β$ Reflexionsgesetz).
Setzen wir dies ein, dann folgt für die Lichtgeschwindigkeit c:

$$c = \frac{8πfLS}{X}$$

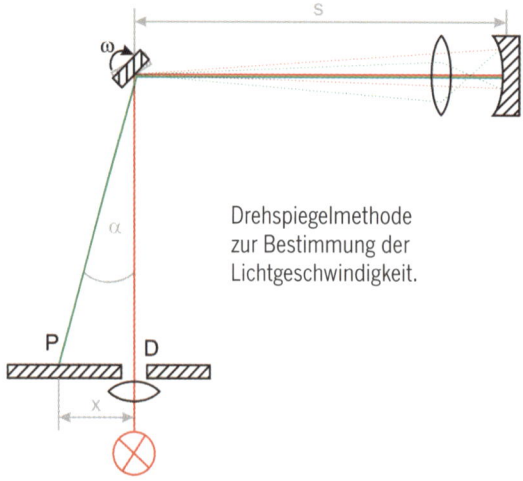

Drehspiegelmethode zur Bestimmung der Lichtgeschwindigkeit.

Eine andere Methode, die Lichtgeschwindigkeit zu bestimmen, geht auf astronomische Beobachtungen zurück. 1676 studierte Olaf Römer die Verfinsterung der Jupitermonde. Dabei gehen die Monde in den Schatten des Planeten und sind nicht beobachtbar. Römer stellte fest, dass die Zeitdauer zwischen zwei Verfinsterungen nicht konstant ist, sondern sich mit der Stellung der Erde zu Jupiter ändert. Befindet sich Jupiter in Opposition, dann steht er der Erde um den Erdbahndurchmesser näher, als wenn er sich in Konjunktion befindet.

Die Verfinsterungen traten um etwa 1 000 Sekunden später ein, wenn sich Jupiter nahe seiner Konjunktion befand, als zur Zeit seiner Opposition.

Jupiter in Konjunktion und in Opposition. Man beachte die unterschiedliche Entfernung des Planeten zur Erde. Daraus lässt sich die Lichtgeschwindigkeit ermitteln. Die Entfernungen sind nicht maßstäblich.

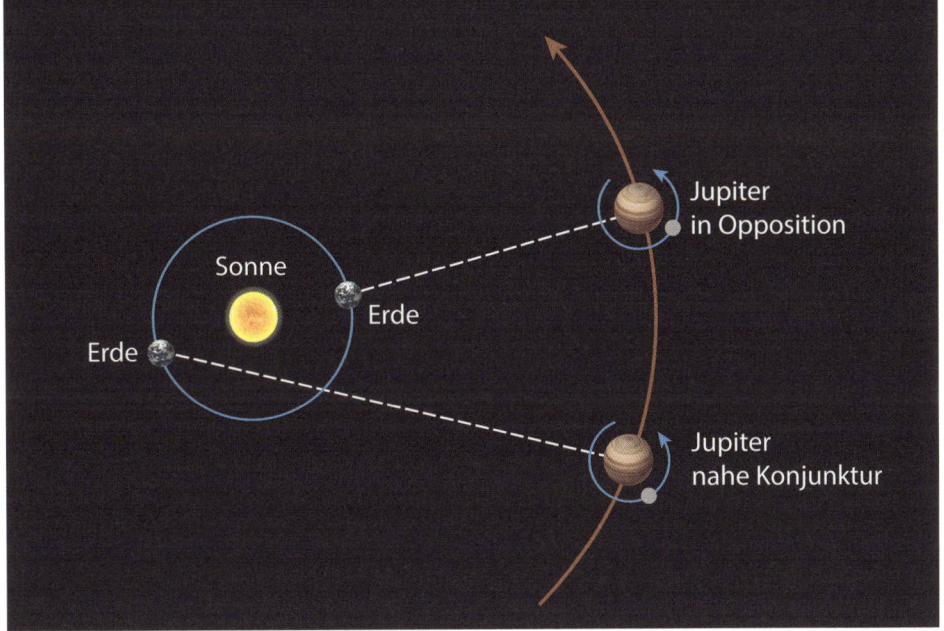

Die Methode von Römer zur Messung der Lichtgeschwindigkeit. Grau: Jupitermond.

Dies kann im Prinzip zwei Ursachen haben: Der Umlauf der Monde um Jupiter erfolgt nicht gleichförmig oder das Licht breitet sich mit endlicher Geschwindigkeit aus. Nachdem es physikalisch unlogisch ist, dass sich die Jupitermonde nicht gleichförmig um den Planeten bewegen, kommt nur die endliche Geschwindigkeit des Lichtes in Frage. Diese errechnet sich ganz einfach aus: $s = ct$, wobei s der Erdbahndurchmesser ist, also etwa 300 Millionen Kilometer, t die Verzögerungszeit, also etwa 1000 s. Daraus ergibt sich die gesuchte Lichtgeschwindigkeit zu 300 000 km/s.

Man wusste also bereits um 1700: Licht breitet sich mit etwa 300 000 km/s aus. Heute wissen wir noch mehr: Die Lichtgeschwindigkeit ist die höchstmögliche Geschwindigkeit.
Nach René Descartes kann es keinen leeren Raum geben. Seine Überlegung war einfach: Was zeichnet Materie aus? Das einzige, was jeder Form von Materie gemein ist, ist die Ausdehnung. Materie ohne Ausdehnung gibt es nicht. Es gibt auch keine Ausdehnung ohne Materie. Also kann das Vakuum nicht leer sein. Was breitete sich also beim Licht wirklich aus?
Nun kommen wir zurück zur Frage, was Licht eigentlich ist, eine Welle oder ein Teilchen. Licht kann sich auslöschen durch Interferenz, also müsste es eine Welle sein, die Reflexion des Lichtes lässt sich aber mit dem Teilchenmodell erklären.
Licht besitzt offenbar zwei Eigenschaften: Es kann bei bestimmten Experimenten als Welle, bei anderen als Teilchen auftreten.
Wir haben es hier mit dem Phänomen zu tun, dass die Messung bestimmt, welche physikalischen Eigenschaften das Objekt besitzt. Licht ist weder eine Welle noch ein Teilchen, sondern beides.

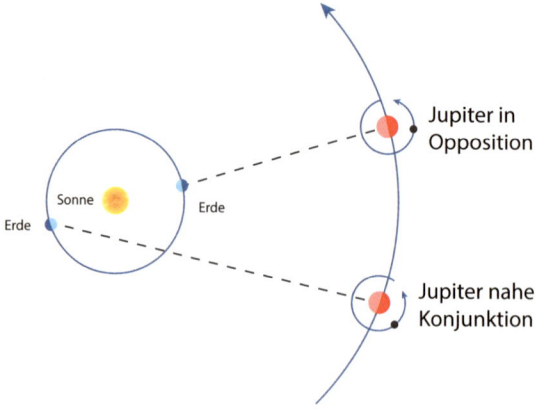

Lässt man Licht durch einen Doppelspalt und wäre Licht ein Teilchen, dann würde man zwei Maxima am Schirm erwarten, wo das Licht gemessen wird. Stellen wir uns einfach einen Fußballer vor, der Bälle durch die Spalte schießt. Es werden hinter den beiden Spalten zwei Haufen mit Bällen entstehen. Da aber das Licht Welleneigenschaften besitzt, ergibt sich ein

Die Methode von Römer zur Messung der Lichtgeschwindigkeit. Rot: Jupiter; schwarz: Jupitermond.

sogenanntes Interferenzmuster am Schirm. Dieses Muster entsteht nicht einfach durch die Addition der Verteilungsfunktionen, die sich ergeben, wenn Lichtteilchen durch den ersten oder zweiten Spalt gehen.

Die Sache wird noch etwas komplizierter. Wenn wir stur der Meinung sind, dass Licht aus Teilchen besteht, dann drängt sich sofort die Frage auf, durch welchen der beiden Spalten das Teilchen eigentlich gegangen ist. Konsequenterweise muss die Antwort lauten: Das Lichtteilchen ist durch beide Spalten gegangen. Wir können gar nicht genau sagen, ob ein Teilchen durch den ersten oder zweiten Spalt gegangen ist. Hier kommen wir also an die Grenzen der klassischen Physik.

Das Doppelspaltexperiment wurde von Thomas Young (1773–1829) zum ersten Mal durchgeführt.

Das Doppelspaltexperiment funktioniert nur mit kohärentem Licht, z.B. Laserlicht. Kohärenz bedeutet, dass alle Lichtwellen dieselbe Phase besitzen. Man kann das Interferenzmuster am Schirm hinter den beiden Doppelspalten durch das Huygensche Prinzip erklären. Jeder Spalt ist Ausgangspunkt einer Elementarwelle.

Zeitlich und räumlich kohärentes Licht. Alle Wellen breiten sich in dieselbe Richtung aus. Die Phasenbeziehung bleibt erhalten, das heißt, Wellenberge stehen über Wellenbergen, Wellentäler über Wellentälern.

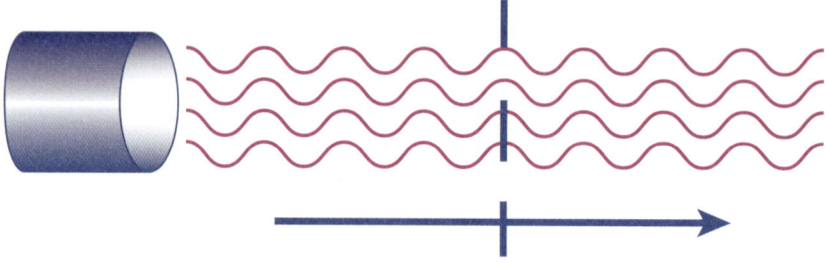

Erkenntnis

Haben Sie sich schon einmal gefragt, was wir eigentlich wissen können, was wir erkennen können? Dies klingt trivial, ist es aber nicht. Wir haben es im Zuge einer Erkenntnis mit zwei Dingen zu tun. Wir benötigen etwas, was erkannt werden soll, das Objekt, und jemanden, der etwas erkennen soll, das Subjekt. Wissen leitet sich aus Erkenntnis ab. Die Erkenntnis ist zur Gewohnheit geworden, sie ist nachprüfbar von verschiedenen Subjekten. Wenn ich beispielsweise sage, die Erde ist eine Kugel, dann muss dies von allen anderen Personen überprüfbar sein. Jeder, der sich mit der Erde beschäftigt, muss zu dem Schluss gelangen, die Erde ist eine Kugel. Gesicherte Erkenntnis ist immer dann gegeben, wenn sie sich durch naturwissenschaftliche Methoden überprüfen lässt.

Descartes gilt als Begründer des Rationalismus. Er fragt sich, was wir eigentlich wissen können. Seiner Meinung nach dürfen wir uns keineswegs auf unsere Sinnesorgane verlassen, diese können uns täuschen. Frühere Wahrnehmungen könnten unsere aktuellen Wahrnehmungen beeinflussen. Ein – wie er sich ausdrückte – böser Dämon könnte uns eine Welt vorgaukeln, die es so gar nicht gibt. Deshalb sollte an Allem, was wir wahrnehmen, gezweifelt werden. Aber es gibt zum Glück etwas, woran nicht gezweifelt werden kann: Ich denke, also bin ich, *cogito ergo sum*. Ähnliches hat schon mehr als 1 000 Jahre vor Descartes Augustinus (345–430) gesagt: *„si enim fallor, sum. nam qui non est, utique nec falli potest"* („Selbst wenn ich mich täusche, bin ich. Denn wer nicht ist, kann sich auch nicht täuschen." *Vom Gottesstaat* 11,26). Descartes äußerte sich auch über den Weltraum. Seiner Meinung nach konnte der Weltraum nicht leer sein. Das Universum soll aus der Reibung riesiger Materieblöcke entstanden sein. Ihre Sphären sollen dann einen Staub aus kleinen Teilchen zurückgelassen haben. Diese Materie rotiert um Zentren und aus der Rotation heraus entstanden die Sonne und die Sterne. Da es viele solcher Materiewirbel gibt, konnten sie sich infolge gegenseitiger Behinderung nicht durch die Zentrifugalkräfte auflösen. Descartes nimmt im Grunde unsere modernen Vorstellungen von der Entstehung der Sonne und der Erde vorweg. Wir finden überall im Kosmos sogenannte interstellare Materie, also Materie zwischen den Sternen. Das Universum ist also wirklich nicht leer. Es gibt auch sogenannte Gasnebel, die durch helle, meist sehr heiße Sterne zum Leuchten angeregt werden. Ein bekanntes Beispiel für einen solchen Gasnebel ist der Orionnebel. Er ist etwa 1 200 Lichtjahre von uns entfernt. Wenn wir den Orionnebel mit einem Fernglas beobachten, sehen wir also Licht, das sich vor 1 200 Jahren auf den Weg zu uns gemacht hat. Solche Gasnebel sind Sternentstehungsgebiete. Ähnlich wie Descartes und später Laplace und andere vorgeschlagen haben, verdichten sich Teile eines Gasnebels und neue Sterne entstehen. Wir können also in solch leuchtenden Gasnebeln die Geburt neuer Sterne beobachten.

Der Orionnebel, ein Sternentstehungsgebiet.

Atomtheorie

Wie schon erwähnt gab es die ersten Ansätze zur Atomtheorie, nach der die Welt aus kleinsten nicht weiter teilbaren Einheiten besteht, schon im alten Griechenland. Begründer des Atomismus waren im 5. Jahrhundert v. Chr. Leukipp und Demokrit. Der Atomismus wurde später von Epikur und Lukrez übernommen. Die Kirchenväter haben den Atomismus als Epikurismus stark bekämpft.

Im 17. Jahrhundert wurde der Atomismus von P. Cassendi wieder stark vertreten. Robert Boyle (1627–691) hat dann zum ersten Mal Experimente unternommen, um den Atomismus zu beweisen. Isaac Newton vertrat ebenfalls den Atomismus. Er meinte auch, dass es die Atome sind, die die Anziehungskräfte verursachen.

Die aufkommenden Naturwissenschaften versuchten nun, den Aufbau der Materie systematischer zu erklären. Die ersten physikalischen Atommodelle gehen auf Dalton zurück. 1803 schreibt Dalton von kleinsten, nicht weiter spaltbaren Teilchen, aus denen jedes Element bestehen müsse. Bei chemischen Reaktionen kommt es zu Umordnungen der Atome. Das Modell von Thomson wurde 100 Jahre später formuliert. Man nennt es auch *Rosinenkuchenmodell*. Das Atom besteht aus gleichmäßig verteilten, positiv geladenen Protonen und dazwischen liegen die negativ geladenen Elektronen. Im Grundzustand sind die Elektronen gleichmäßig verteilt, bei Zufuhr von Energie beginnen sie zu schwingen.

Im Modell von Rutherford von 1911 gibt es einen positiv geladenen Atomkern und Elektronen, die sich ungeordnet in der Hülle um den Kern herum befinden.

Wie kommt Rutherford zu diesem Modell? Rutherford hat dünne Goldfolien mit sogenannten Alpha-Teilchen beschossen. Man beobachtete die Streuung dieser Teilchen an den Goldatomen. In der Abbildung ist zu sehen, wie die Streuung ausgesehen hätte, wenn das Thomsonsche Modell gültig wäre und wie, wenn das Rutherfordsche Modell richtig ist.

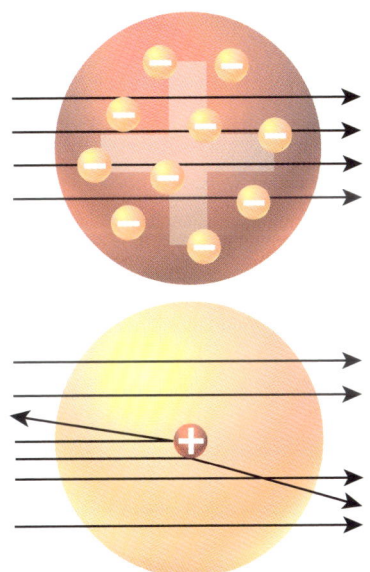

Man beobachtete, dass die meisten Alpha-Teilchen nicht abgelenkt werden, sondern nur wenige. Nur etwa ein Alpha-Teilchen von 100 000 wird abgelenkt. Streuungen über 90 Grad treten selten auf, sehr wenige Alpha-Teilchen werden an den kleinen Atomkernen abgelenkt. Daraus zog Rutherford folgende Schlüsse: Die positiv geladenen Atomkerne sind sehr klein. Die meisten Alpha-Teilchen können die Goldfolie ungehindert passieren, deshalb muss der Abstand zwischen dem Atomkern und den Elektronen groß sein.

Eine Erweiterung des Rutherfordschen Atommodells ist das Modell von Bohr aus dem Jahr 1913. Auch

oben: Alpha-Teilchen gehen nach dem Modell von Thomson ungehindert durch, nach dem Modell von Rutherford werden einige stark abgelenkt oder gestreut. Damit wurde klar: Ein Atom besteht aus einem kleinen Kern und einer Hülle von Elektronen.
unten: Schema des Thomson'schen Atommodells. Vor einem positiven Ladungshintergrund (rot) liegen die negativ geladenen Elektronen (blau).

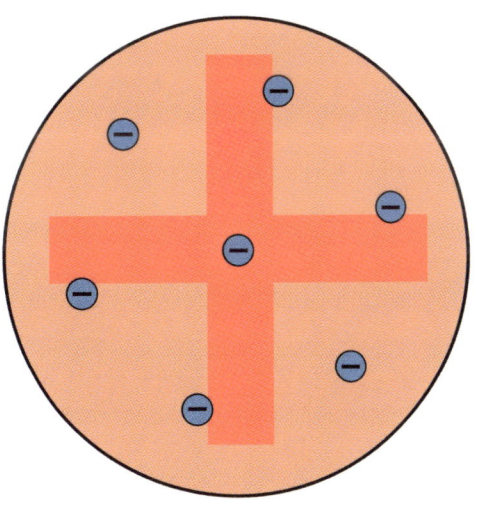

er geht von einem sehr kleinen, positiv geladenen Atomkern aus, um den die negativ geladenen Elektronen kreisen. Allerdings gibt es da einen Widerspruch zur bisherigen Physik. Man wusste bereits, dass beschleunigte Ladungen Energie abstrahlen. Von einer Beschleunigung spricht man in der Physik immer dann, wenn etwas seine Geschwindigkeit ändert, also entweder abbremst oder schneller wird, oder die Richtung der Geschwindigkeit ändert. Bei einer Kreisbahn kommt es dauernd zu einer Richtungsänderung. Die Elektronen auf ihren Kreisbahnen bewegen sich daher beschleunigt und müssten Energie abstrahlen, Atome können also nach der Vorstellung der klassischen Physik nicht stabil sein. Das Modell von Bohr besagt, dass Elektronen auf bestimmten Bahnen stabil um den Atomkern kreisen können. Das Seltsame daran ist, dass es eben nur ganz bestimmte Kreisbahnen gibt, also sich die Elektronen nur in ganz bestimmten Abständen um den Atomkern herum befinden können. Das ist ganz ähnlich wie bei den Umlaufbahnen der Planeten um die Sonne. Das wäre auf unser tägliches Leben angewandt ungefähr so, als wenn Sie mit dem Auto nur ganz bestimmte Geschwindigkeiten fahren dürften und könnten, also 20, 50, 100 km/h und keine Werte dazwischen.

So kommen wir zu einem vereinfachten Bild eines Atoms: Es besteht aus einem positiven Kern und die Elektronen bewegen sich auf ganz bestimmten Schalen, Energieniveaus um den Kern. Die innerste Schale, die dem Atomkern am nächsten ist, nennt man K-Schale, dann folgt die L-Schale usw. Auf der K-Schale dürfen sich maximal zwei Elektronen befinden. Die Elektronen der äußersten Schale bestimmen auch die chemischen Eigenschaften der Substanz.

Das Wasserstoffatom

Der Großteil der Materie des Universums besteht aus dem einfachsten Atom, dem Wasserstoffatom. Etwa 75 Prozent der Materie im Universum bestehen aus Wasserstoff, die für uns so wichtigen Elemente wie Sauerstoff, Kohlenstoff etc. machen weniger als 1 Prozent aus.

Beim Wasserstoffatom gibt es ein positiv geladenes Proton im Kern und ein negativ geladenes Elektron in der Schale um den Kern. Elektronen können zwischen den Schalen hin- und herspringen. Allerdings macht dies ein Elektron nicht freiwillig. Es bedarf einer Energie von außen, damit ein Elektron von einer tieferen zu einer höheren Schale springt. Diese Energie ist genau definiert und sie fehlt dann dem Atomsystem. Deshalb sieht man im Spektrum eine dunkle Absorptionslinie. Befindet sich das Elektron in einer höheren Schale als im Grundzustand, dann springt es meist spontan wieder auf die tiefere Schale oder den Grundzustand zurück. Dabei

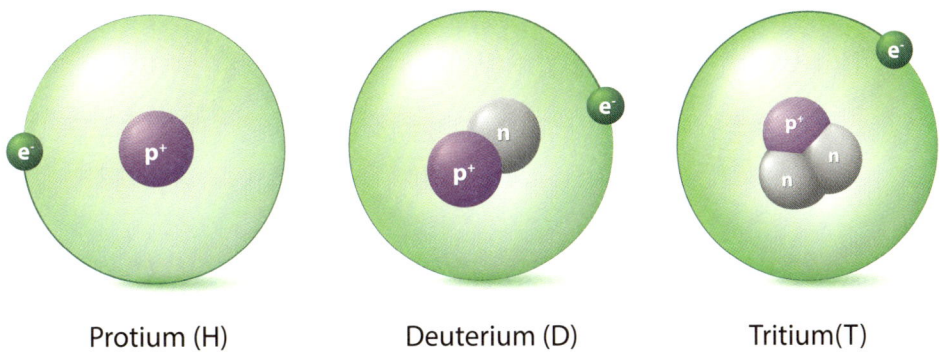

| Protium (H) | Deuterium (D) | Tritium(T) |

Die Isotope des Wasserstoffs: Man beachte, dass bei allen Isotopen die Anzahl der Protonen gleich bleibt.

wird Energie frei. Wir sehen im Spektrum eine helle Emissionslinie. Der Grundzustand, die tiefste Bahn, wird mit $n = 1$ bezeichnet.

Beim Wasserstoff fasst man alle Übergänge vom Grundzustand in die höheren Energieniveaus beziehungsweise von einem höheren Energieniveau auf den Grundzustand ($n = 1$) als Lymanserie zusammen. Alle Übergänge von $n = 2$ auf ein höheres Niveau nennt man *Balmer-Absorptionslinien*, alle Übergänge von einem Niveau mit $n > 2$ auf $n = 2$ sind dann *Balmer-Emissionslinien*. Alle Übergänge der Balmerserie lassen sich im sichtbaren Teil des elektromagnetischen Spektrums beobachten.

Damit wird verständlich, warum es in den Spektren helle und dunkle Linien gibt.

Die Zahl der Protonen im Atomkern bestimmt das chemische Element. Wasserstoff enthält ein Proton, Helium zwei Protonen und zwei neutrale Teilchen, Neutronen genannt. Daneben gibt es noch die Isotope. Das sind Atome mit gleicher Kernladungszahl, also gleicher Protonenzahl, aber unterschiedlicher Neutronenzahl. Vom Wasserstoff gibt es folgende Isotope: Normaler Wasserstoff mit einem Proton und einem Elektron, Deuterium mit einem Proton und einem Neutron im Kern, ein Elektron, sowie Tritium, wo sich zwei Neutronen und ein Proton im Kern befinden mit einem Elektron.

Führt man dem Wasserstoffatom zu viel an Energie zu, dann verliert es das Elektron, das Elektron bewegt sich dann frei und ist nicht mehr an den Atomkern gebunden. Man spricht dann von einem ionisierten Wasserstoffatom. Da Helium zwei Elektronen besitzt, gibt es einfach und ein zweifach ionisiertes Helium. Das einfach ionisierte Helium He^+ hat ein Elektron verloren, das zweifach ionisierte Helium, He^{++} hat beide Elektronen verloren. Da die Elektronen im Heliumatom durch zwei Protonen an den Kern gebunden sind, benötigt man auch mehr Energie, um Helium zu ionisieren als bei Wasserstoff.

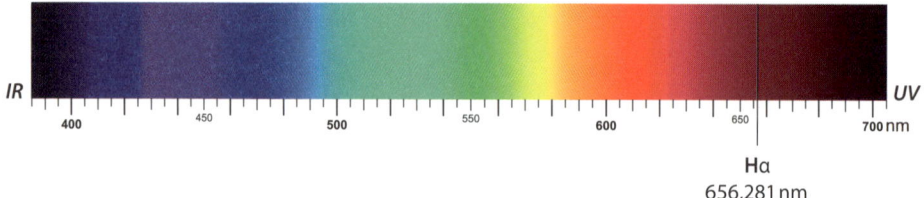

IR | | | | | | | | | | | | | | | | | | | | | | | | | | | | | | | | | | | | | | | | | | | UV
400   450   500   550   600   650   700 nm

Hα
656,281 nm

Das Spektrum der Sonne. Man erkennt die zahlreichen dunklen Absorptionslinien.
Die Hα-Linie spielt eine wichtige Rolle bei der Sonne und anderen astronomischen Objekten.
Sie entsteht beim Übergang von *n = 2* auf *n = 3* (Absorption) oder beim Übergang von *n = 3*
auf *n = 2* (Emission).

Das war eine ganze Menge Atomphysik. Aber die Mühe lohnt sich. Wir können aus
dem Spektrum der Sterne ungeheuer viel lernen. Beobachten wir beispielsweise
He^{++} in einem Sternspektrum, dann wissen wir sofort, dass es dort sehr heiß sein
muss. He^{++} wird im Spektrum der Sonne nicht beobachtet, also muss die Sonne
eher zu den kühleren Sternen zählen.
Die Entstehung der Spektrallinien kann man nur mithilfe des Atombaus verstehen.
Aus der Zerlegung des Lichtes, also der Spektralanalyse können wir sehr viel über
die Objekte lernen, die dieses Licht aussenden. Wir erhalten somit für bis zu Milliarden von Lichtjahren entfernten Galaxien deren Zusammensetzung, Leuchtkraft
und Temperatur.

Das Atom als Miniaturplanetensystem

Wir erinnern uns an die Erforschung des Sonnensystems. Die Sonne besitzt die
weitaus größte Masse, alle anderen Körper im Sonnensystem zusammengenom-
men (also die acht großen Planeten, Zwergplaneten, Asteroiden, Monde der Planeten) besitzen nur etwa 0,2 Prozent der Masse der Sonne. Planeten kreisen um
die Sonne; daraus ergibt sich ein Gleichgewicht zwischen Anziehung durch die
Sonne und der nach außen gerichteten Fliehkraft (Zentrifugalkraft) aufgrund der
Kreisbewegung.

Im Prinzip können wir ein Atom als eine Art Miniatursonnensystem sehen. Im
Mittelpunkt befindet sich der massive Kern. Die Masse des Elektrons beträgt nur
etwa 1/1800 der Masse eines Protons. Allerdings wird das Elektron nicht durch
die Schwerkraft, sondern durch eine andere Kraft vom Proton angezogen. Wir erinnern uns an die Schulzeit, als von elektrischen Kräften die Rede war. Es gibt zwei
Arten von Ladungen, positive und negative Ladungen.

Zwei Teilchen mit unterschiedlichen Ladungen ziehen einander an, die Kraft, die hier wirkt, ist die elektromagnetische Kraft.

Diese Kraft wird durch das Coulombgesetz beschrieben und zwischen zwei Ladungen q_1 und q_2 wirkt eine Kraft, die sich mit folgender Formel berechnen lässt:

$$F = const \; \frac{q_1 \, q_2}{r^2}$$

Die Konstante hängt davon ab, in welchen Einheiten die Ladung angegeben wird.

Aber vergleichen Sie doch mal das Coulombgesetz mit dem Newtonschen Gravitationsgesetz. Anstelle der Massen m_1 und m_2 sind hier die Ladungen einzusetzen. Ansonsten hängt die Stärke der Coulombkraft ebenso wie das Newtonsche Gravitationsgesetz von der Entfernung ab. Verdoppeln wir die Entfernung zwischen zwei Massen oder Ladungen, nimmt die Kraft zwischen ihnen um das 2^2-fache = vierfache ab.

Wir sehen hier ein sehr schönes Beispiel für Ähnlichkeiten in der Physik. Die beiden völlig unterschiedlichen Kräfte, Gravitation und elektrische Kraft lassen sich praktisch formal durch dasselbe Gesetz beschreiben. Es gibt aber zwei wesentliche Unterschiede zwischen diesen Kräften:

Erstens hat die Masse nur ein Vorzeichen, es gibt keine negative Masse. Die Ladung hingegen hat zwei Vorzeichen, gleiche Ladungen stoßen einander ab, ungleichnamige ziehen einander an. Elektrische Kräfte können also sowohl anziehend als auch abstoßend wirken. Die Schwerkraft wirkt immer anziehend.

Der zweite Unterschied betrifft die Stärke der Kraft. Was meinen Sie, welche Kraft ist stärker, die Schwerkraft, Gravitation, oder die elektrische Kraft?

Machen wir dazu ein einfaches Gedankenexperiment. Denken sie sich einen Gegenstand aus Metall, der auf einem Tisch liegt. Dieser Gegenstand wird, wie alles auf der Erdoberfläche, von der Erde angezogen. Bringen wir jedoch wenige Zentimeter über dem Metall einen Magneten an, dann passiert etwas Seltsames. Das Metall wird vom Magneten nach oben gezogen. Für uns ist dies völlig klar, das kennen wir alle. Aber überlegen wir nochmals. Die Anziehung durch den Magneten, der verschwindend klein ist gegenüber der Erde, ist viel stärker als die Anziehung, die die Erde auf das Metall ausübt! Folglich müssen elektrische Kräfte viel stärker sein als die Schwerkraft.

Wenn also elektrische Kräfte, wie unser Gedankenexperiment gezeigt hat, viel stärker sind als die Schwerkraft, dann wäre es doch logisch, dass die Formen der

Galaxien, Sterne und Planeten von diesen Kräften bestimmt werden. Dennoch wissen wir, dass es genau diese schwache Schwerkraft ist, die alles bestimmt, eben auch, dass sich der Mond um die Erde bewegt, die Erde um die Sonne, die Sonne um das Zentrum unserer Galaxis … Das hat mit den beiden Ladungsvorzeichen zu tun. Elektrische Kräfte neutralisieren sich. Die Sonne ist weder positiv noch negativ aufgeladen.

Wo hört die Erdanziehung eigentlich auf? Denken wir uns eine Masse m, die von der Erde angezogen wird und bringen wir diese Masse m in unterschiedliche Entfernungen. Die Anziehung wird dann:

Entfernung Erde–Masse	Anziehung
1 m	1
10 m	$1/10^2 = 1/100$
1000 m	$1/1000^2 = 1/1000\,000$
1 000 000 m	$1/1\,000\,000^2 = 1/1\,000\,000\,000\,000$

Wir sehen, dass die Anziehung mit zunehmender Entfernung immer kleiner wird, sie geht für sehr große Entfernungen gegen Null, aber eigentlich ist sie immer da. Elektrische Kräfte reichen ebenfalls im Prinzip unendlich weit, nur neutralisieren sich hier die Ladungen.

Wir haben also zwei Arten von Kräften kennengelernt, die uns sicher allen vertraut sind: die Gravitation und die elektrische Kraft. Doch es gibt noch weitere Kräfte in der Natur.

Die starke Kraft

Zurück zum Atom. Würden wir die Physik, die wir bisher besprochen haben, auf Atome anwenden, dann würde ein vollständig instabiles Universum herauskommen. Die sich bewegenden Elektronen würden abstrahlen, also Energie verlieren und in extrem kurzer Zeit in den Atomkern stürzen. Aus der Theorie des Elektromagnetismus weiß man nämlich, dass beschleunigte Ladungen Energie abstrahlen. Es gäbe also keine stabilen Atome und damit keine stabile Materie. Aber es kommt noch schlimmer. Unterschiedliche chemische Elemente verfügen ja über eine unterschiedliche Anzahl von Protonen und Neutronen im Kern. Die Neutronen sind uns zunächst egal, sie sind elektrisch neutral, also ungeladen. Sie erkennen das Problem. Sobald mehr als zwei Protonen im Kern sind, würden sich diese gemäß dem Coulombgesetz abstoßen, gleiche Ladungen stoßen einander ab. Daraus folgt, dass es im Universum keine Atomkerne geben kann, die schwerer als Wasserstoff sind. Doch so ist es offensichtlich nicht. Unser Körper besteht beispielsweise zu einem Großteil aus Wasser und komplexen Kohlenstoffverbindungen. Wasser ist ein Molekül, das heißt, es besteht aus mehreren Atomen, in dem Fall aus zwei Teilen Wasserstoff H und einem Teil Sauerstoff O. Daher auch die Formel für Wasser H_2O.

Damit also stabile Atomkerne existieren, die mehr als ein Proton enthalten, muss eine weitere Kraft vorhanden sein, die noch stärker ist als die elektrische Kraft. Man bezeichnet diese Kraft als die *starke Kraft*. Allerdings ist die Reichweite dieser Kraft sehr gering, sie spielt nur auf atomaren Skalen eine Rolle. Die starke Kraft ist also wesentlich stärker als die elektrische Abstoßung zweier Protonen im Atomkern. Die starke Kraft, die nur auf kleinsten Skalen wirkt, erklärt, weshalb es Atome gibt, die schwerer als Wasserstoff sind. Ohne starke Kraft wäre das Universum ziemlich langweilig. Es gäbe nur Wasserstoff, keine weiteren chemischen Elemente und somit natürlich kein Leben.

Der Vollständigkeit halber soll noch die vierte Kraft erwähnt werden, die sogenannte *schwache Kraft*. Sie spielt zum Beispiel beim radioaktiven Zerfall der Elemente eine Rolle.

Dimensionen der Atome

Wir behandeln hier die Größenverhältnisse in einem Atom; bisher haben wir nur festgehalten, dass die Experimente Folgendes zeigten:
Atome bestehen aus einem positiv geladenen Kern, der von Elektronen umkreist wird, die sich nur auf ganz bestimmten Bahnen bewegen können. Atomkerne müssen im Vergleich zu den Elektronen wesentlich größer sein. Im Atomkern befinden sich neben den positiv geladenen Protonen die ungeladenen Neutronen. Die starke Kraft hält die Atomkerne zusammen, aufgrund der elektrischen Kraft würden sie sich abstoßen und es gäbe keine stabilen Atome außer Wasserstoff.

Betrachten wir nun die Größenverhältnisse.
Das Proton ist wie gesagt positiv geladen. Die Ladung eines Protons wird mit $+1\,e$ bezeichnet, wobei e die Elementarladung ist. Die Masse eines Protons ist unvorstellbar klein. Sie beträgt nur

$$m_p = 1{,}6726\ 10^{-27}\ kg = 1{,}67/1\ 000\ 000\ 000\ 000\ 000\ 000\ 000\ 000\ kg$$

Protonen sind stabile Teilchen, sie zerfallen nicht in andere Teilchen wie beispielsweise ein freies Neutron. Das Neutron besitzt eine Masse von

$$m_n = 1,674927 \; 10^{-27} \; kg$$

Neutronen, die nicht an einen Atomkern gebunden sind, leben nicht lange, sie zerfallen mit einer Halbwertszeit von 10 Minuten. Das bedeutet, dass zum Beispiel von 1000 freien Neutronen nach 10 Minuten nur mehr 500 existieren. Nach weiteren 10 Minuten wären es dann noch 250. Innerhalb der Halbwertszeit zerfällt also die Hälfte der ursprünglich vorhandenen Substanz.

Der Durchmesser eines Neutrons liegt bei rund $1,7 \; 10^{-15}$ m $= 1,7/1\,000\,000\,000\,000\,000$ Meter. Neutronen zerfallen in Protonen, Elektronen und die extrem leichten Neutrinos. Die Neutronen sind etwas schwerer als die Protonen. Neutronen können zu einem

Am Ende der Entwicklung eines massereichen Sternes bildet sich ein Neutronenstern.
Teilchen werden entlang des Magnetfeldes beschleunigt und erzeugen das Leuchten.

Proton und Elektron zerfallen, und können entstehen, wenn Elektronen mit Protonen reagieren. Dies passiert auch am Ende der Entwicklung eines massereichen Sternes. Der Stern explodiert zu einer Supernova und die Elektronen reagieren mit den Protonen unter Bildung von Neutronen. So entsteht ein Neutronenstern.

Die Masse des negativ geladenen Elektrons beträgt nur $9,109 \cdot 10^{-31}$ kg. Elektronen sind stabile Teilchen. Sie können gebunden in Atomen auf bestimmten Bahnen vorkommen oder als freie Teilchen zwischen den Atomen frei beweglich sein. Elektronen können freigesetzt werden, wenn Material erhitzt wird, oder eine hohe Spannung angelegt wird. Diese Elektronen können sich dann beispielsweise in einer Vakuumröhre frei bewegen oder man kann diese geladenen Teilchen durch ein elektrisches Feld ablenken.

Auch die Größenverhältnisse sind interessant. Der Durchmesser eines typischen Atoms liegt bei etwa 10^{-10} m = $1/10\,000\,000\,000$ Meter. Der Durchmesser der Protonen und Neutronen liegt im Bereich von 10^{-15} Meter. Das Atom inklusive Elektronenhülle ist also 100 000 mal so groß wie die Elektronen, Protonen oder Neutronen. Man stelle sich ein etwa 100 Meter großes Fußballfeld vor, welches die Größe eines Atoms darstellen soll. Dann wären die Protonen, Neutronen etwa 1 Millimeter groß. Wenn der Durchmesser des Atomkerns in diesem Beispiel etwa dem eines Tennisballs entspricht, dann würde das stecknadelgroße Elektron in den obersten Zuschauerrängen eines großen Fußballstadions um den Ball kreisen. Der meiste Teil eines Atoms besteht also aus Leere.

Ein anderes Gedankenexperiment dazu: Stellen Sie sich einen Ozeandampfer vor, etwa ein Kreuzfahrtschiff. Dieses besteht aus vielen Atomen. Würden wir die Materie so dicht zusammenpressen, dass sich die Elektronen unmittelbar bei den Atomkernen befinden, dann wäre das Kreuzfahrtschiff nur mehr stecknadelkopfgroß. Natürlich könnte man diesen Stecknadelkopf, der aus extrem komprimierter Materie besteht, nicht mehr heben.

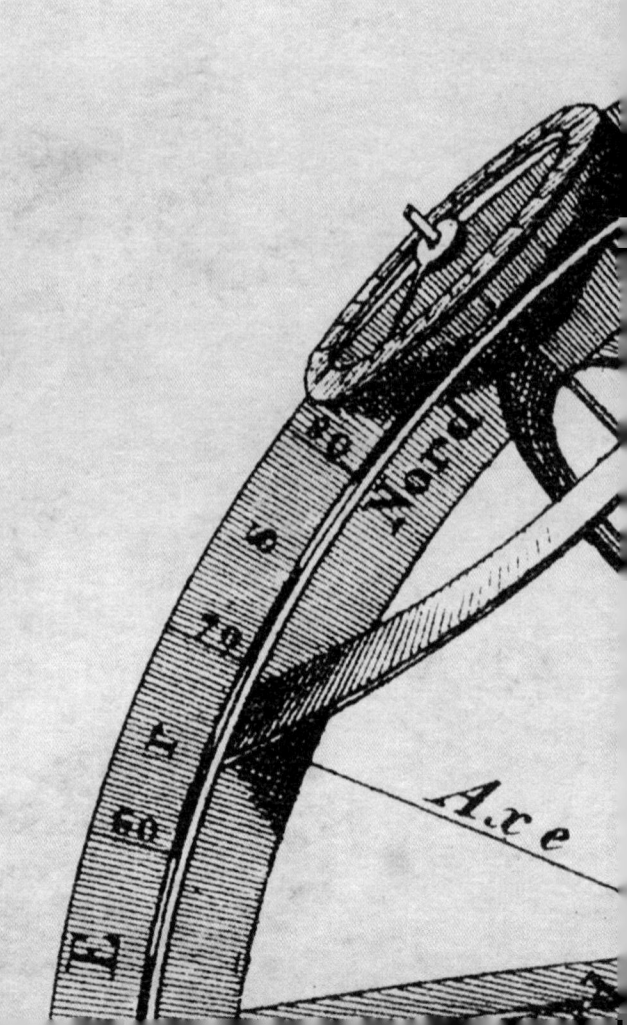

Chaos oder Ordnung?

Determinismus, alles ist vorhersagbar

Wir haben die Triumphe der Physik beschrieben. Planetenbahnen, Finsternisse, ja sogar die Entdeckung neuer Planeten war mit der von Newton definierten Physik möglich. Durch die Analyse des Sternenlichtes (Spektren) wissen wir die chemische Zusammensetzung von Sternen, die viele Lichtjahre von uns entfernt sind und können sogar deren Temperatur bestimmen. Ist das Universum also berechenbar?

Der Determinismus ist eine philosophische Grundrichtung, die von folgender Annahme ausgeht: Alles ist vorhersagbar, wenn man nur genau genug die Bedingungen kennt.
Sämtliche Prozesse sind durch Naturgesetze bestimmt. Man muss also alle Naturgesetze kennen. Darüber hinaus muss man die sogenannten Bewegungsgleichungen kennen, dann kann man die Zukunft eines Systems exakt vorhersagen.
Es gibt eine Beziehung zwischen dem Determinismus und dem Materialismus, wie er bereits von Demokrit vertreten wurde. Demokrit vertrat einen atomistischen Materialismus. Alles ist aus kleinen Einheiten, den Atomen, zusammengesetzt. Wenn wir also die Bewegung all dieser Atome genau kennen, sowie die Naturgesetze, nach denen sie sich bewegen, dann müsste die zukünftige Entwicklung vorhersagbar sein. Ein strenger Vertreter dieser Anschauung war Pierre-Simon Laplace. Er sagte: Die Welt lässt sich vollständig durch physikalische Gesetze erklären. Es gibt keinen Zufall. Alles wird berechenbar und damit ist auch die Zukunft vorhersagbar.

Laplace betätigte sich auch politisch und war für sechs Wochen nach dem Staatsstreich Napoleons im Jahr 1799 Innenminister Frankreichs. Anscheinend war er für diese Stelle jedoch nicht geeignet und wurde von Napoleons Bruder abgelöst. Laplace hatte aber auch andere Ämter und soll ungefähr das 25-fache dessen verdient haben, was seinerzeit der Leiter des Göttinger Observatoriums, Carl Friedrich Gauß verdiente. Von 1799 bis 1823 verfasste Laplace sein wichtigstes Werk, *Traité de mécanique céleste*. Dieses fünfbändige Werk enthielt die gesamte Himmelsmechanik. Er gab einen Beweis für die Stabilität des Sonnensystems, beschäftigte sich mit dem Dreikörperproblem, das nicht mehr direkt lösbar ist, und er soll sogar als erster von Schwarzen Löchern gesprochen haben, also von Sternen, deren Gravitation so stark ist, dass nicht einmal Licht deren Oberfläche verlassen kann.

Laplace soll einmal zu Napoleon auf dessen Frage nach Gott gesagt haben, er habe bei seiner Forschung „dieser Hypothese nicht bedurft".

Newton sprach hingegen immer von einer ordnenden Funktion Gottes. Gott sollte ständig in das Weltgeschehen eingreifen und so Ordnung in das Chaos bringen.

Laplace geht einen großen Schritt weiter und meint, er brauche keinen Gott, der eingreift. Newton und seine unmittelbaren Nachfolger erkannten, dass sich die Planetenbahnen ändern und führten dies auf ein Wirken Gottes zurück, beziehungsweise meinten sie, Gott würde die Planetenbahnen wieder ordnen. Laplace konnte diese Störungen durch seine genauen mathematischen Formeln vorhersagen. Laplace schrieb auch einen *Essai philosophique sur les Probabilités* (Philosophischer Essay über die Wahrscheinlichkeit). Darin spekuliert er von einem Weltgeist. Dieser kenne exakt alle Positionen und Geschwindigkeiten von allen Atomen des Universums. Darüber hinaus kenne er die gesamte Physik, die Gleichungen, die die Bewegung bestimmen. So müsse es diesem Geist möglich sein, die Vergangenheit und die Zukunft des Universums exakt vorherzusagen. Man bezeichnet diesen Weltgeist heute oft auch als Laplace'schen Dämon. Laplace meinte allerdings auch, dass der Mensch mit seinem beschränkten Verstand niemals in der Lage sein würde, ein solches Wissen zu erwerben und deshalb würden wir auch niemals die Zukunft genau vorhersagen können:

„Wir müssen also den gegenwärtigen Zustand des Universums als Folge eines früheren Zustandes ansehen und als Ursache des Zustandes, der danach kommt. Eine Intelligenz, die in einem gegebenen Augenblick alle Kräfte kennt, mit denen die Welt begabt ist, und die gegenwärtige Lage der Gebilde, die sie zusammensetzen, und die überdies umfassend genug wäre, diese Kenntnisse der Analyse zu unterwerfen, würde in der gleichen Formel die Bewegungen der größten Himmelskörper und die des leichtesten Atoms einbegreifen. Nichts wäre für sie ungewiss, Zukunft und Vergangenheit lägen klar vor ihren Augen."

Die Vorstellung des Laplace-Dämons (heute würden wir Supercomputer dazu sagen) führt zu einem Konflikt in der Philosophie. Gibt es dann überhaupt eine Willensfreiheit, ist nicht all unser Tun und Handeln vorherbestimmt, das Schicksal jedes Menschen genau definiert?

Bereits Robert Boyle, ein englischer Chemiker, äußerte im 17. Jahrhundert die Vermutung, dass unser Universum einem Uhrwerk gleiche. Gott habe das Universum so erschaffen, wie man eine Uhr bauen würde. Einmal gerichtet läuft das Universum unerbittlich wie eine Uhr ab. Alles geschieht nach dem Willen der göttlichen Vorsehung.

Natürlich kommen wir auch bei dieser Vorstellung zum Problem der Willensfreiheit. Eine solche gibt es nicht, es ist alles vorherbestimmt. Bei der Uhr weiß man genau, wann der Zeiger welche Stunde anzeigt. Die Zeit läuft streng ab in genau einer Richtung. Das wiederum wirft ein philosophisches Problem auf. Wenn es aber keine Willensfreiheit gibt, weil ohnehin alles bestimmt ist, dann sind wir

Das Universum als Uhrwerk?

Menschen für unser Tun und Handeln nicht verantwortlich, da ohnehin alles vorherbestimmt ist.
Das Problem der Willensfreiheit ergibt sich aus dem Determinismus.

Elektromagnetismus und Licht

Bisher war das beschriebene Weltbild relativ einfach. Es gibt einige Grundkräfte, die uns die Bewegung von Massen im Universum beschreiben, wir haben uns sogar mit der Welt im Kleinen beschäftigt und sind auf Atome gestoßen, und deren Struktur. Aber hier zeigte sich schon, dass es gewisse Probleme mit der sogenannten klassischen Physik gibt. Bewegte Ladungen sollen nach dem Begründer der Elektrodynamik, J.C. Maxwell (1831–1879), abstrahlen. Maxwell war der erste Physiker, der zwei unterschiedliche Phänomene auf ein Phänomen zurückführte. Man kannte den Magnetismus sowie die Elektrizität. Unklar war, ob es zwischen diesen beiden Phänomenen einen Zusammenhang gibt. Was unterscheidet magnetische Kräfte von elektrischen? Bereits die Griechen erkannten, dass es zu einer Aufladung kommt, wenn man Bernstein reibt, und gewisse leichte Substanzen angezogen werden. Das Wort für Bernstein lautet *Elektron*, daher kommt auch unsere Bezeichnung Elektrizität.
Im alten Ägypten wusste man schon, dass Zitterrochen und Zitteraal eine Art elektrischen Schock zum Fangen ihrer Beute einsetzen. Blitze sind ein sehr spektakuläres

Auftreten elektrischer Erscheinungen. Thales von Milet hat sich in seinen naturphilosophischen Betrachtungen mit dem Phänomen Elektrizität auseinandergesetzt. Im 1. Jahrhundert v. Chr. wurden sogenannte Parthische Tongefäße in Bagdad verwendet. Sie enthielten einen Eisenstab und einen Kupferzylinder, der mit Asphalt gefüllt war. Wahrscheinlich handelte es sich dabei bereits um eine Art Batterie.
Im Jahr 1752 erfand Benjamin Franklin den Blitzableiter.

Elektrizität kann Muskeln zu Bewegungen veranlassen. Dies erkannte Luigi Galvani um 1770. Er legte seine Elektrisiermaschine an Froschschenkeln an, die daraufhin zuckten.

1864 stellte James Clerk Maxwell schließlich die grundlegenden Gleichungen auf, die die Elektrodynamik beschreiben. Ohne diese Gleichungen wären kein Fernsehen, kein Radio, keine Telefonie und keine Motoren möglich.

Die Gleichungen verknüpfen Elektrizität und Magnetismus. Sich ändernde elektrische Felder erzeugen Magnetfelder, sich ändernde magnetische Felder erzeugen elektrische Felder.

Das Froschschenkelexperiment von Luigi Galvani.

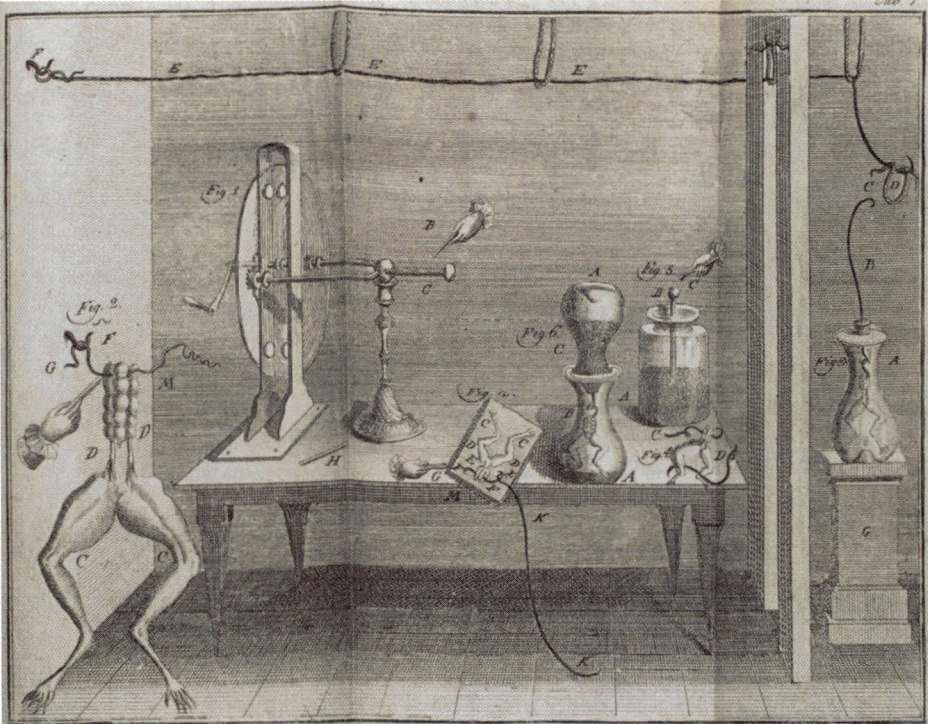

Hier taucht der Begriff „Feld" auf. In der Physik spricht man sehr oft von einem Feld. Man meint damit, dass sich in einem Feld bestimmte Eigenschaften im Raum ausbreiten. Zum Beispiel sagt man, „die Erde befindet sich im Gravitationsfeld der Sonne" oder „ein Eisenlöffel wird durch das Magnetfeld eines nahen Magneten angezogen". Felder stellt man durch Feldlinien dar, das sind Kraftlinien. Dort, wo es viele Feldlinien gibt, sind die Felder stärker als an Orten, wo die Feldliniendichte gering ist. Felder beschreiben also bestimmte Eigenschaften des Raumes.

Man unterscheidet zwischen Skalarfeldern und Vektorfeldern. Diese beiden Begriffe sind einfach erklärt. Stellen wir uns die Temperatur in einem Raum vor, wo sich in einer Ecke ein Heizkörper befindet. Dann wird an jedem Punkt des Raumes eine bestimmte Temperatur herrschen. Die Temperatur ist ein einfacher Zahlenwert, zum Beispiel 10 Grad. Einfache Zahlen bezeichnet man als Skalare, also herrscht in einem Raum ein Temperaturfeld, welches ein Skalarfeld ist. In demselben Raum gibt es aber auch viele Luftmoleküle. Diese werden sich bewegen, ein Molekül bewegt sich nach links, das andere nach rechts unten usw. Jedes Molekül hat also eine Geschwindigkeit und die Geschwindigkeit hat einen Betrag und eine Richtung. Denken wir uns einen Autofahrer, der mit 50 km/h unterwegs ist. 50 km/h bedeutet den Betrag der Geschwindigkeit, aber natürlich wollen wir auch wissen, in welche Richtung sich das Fahrzeug bewegt. Deshalb ist die Geschwindigkeit ein Vektor. Sie hat einen Betrag und eine Richtung.

Stellen wir uns nochmals ein Luftmolekül vor: Wir definieren ein Koordinatensystem. Die positive Richtung nach links soll die x-Komponente der Geschwindigkeit sein, die Bewegung nach hinten die y-Komponente und die Bewegung nach oben die z-Komponente. Wenn sich also unser Teilchen mit 2 km/h nach links, 1 km/h nach hinten und 3 km/h nach oben bewegt, dann kann man diese Bewegung durch den

links: Im Feldlinienbild sehen wir, wie sich zwei positive Ladungen abstoßen.
rechts: Das Feldlinienbild erklärt, wie sich eine positive und eine negative Ladung anziehen. Dies ist wichtig für das Verständnis vom Aufbau der Atome.

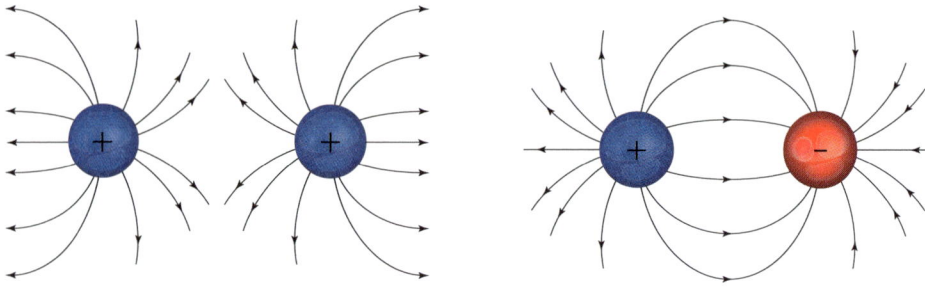

Vektor (2,1,3) darstellen. Die Bewegungen der Luftmoleküle lassen sich also durch ein Vektorfeld beschreiben.

Magnete haben stets einen Nord- und einen Südpol. Selbst wenn man einen Magneten auseinanderschneidet, bildet sich sofort wieder ein Nord- und Südpol aus. Im Sinn des Elektromagnetismus können wir Licht als eine sich ausbreitende elektromagnetische Welle verstehen. Dabei schwingen die elektrischen und magnetischen Felder. Dies ist in den Maxwellschen Gleichungen

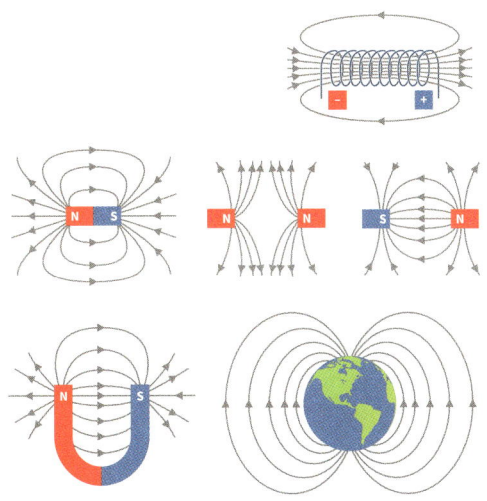

Ein Stabmagnet mit einem Nord- und Südpol.

enthalten. Neben dem für uns sichtbaren Bereich des elektromagnetischen Spektrums gibt es noch das Infrarot, die Mikro- und Radiowellen, sowie das UV-Licht, die Röntgen- und die Gammastrahlung.

All diese Arten von elektromagnetischen Wellen unterscheiden sich nur hinsichtlich ihrer Wellenlänge. UV-Strahlung hat eine kürzere Wellenlänge als sichtbares Licht, blaues Licht hat eine kürzere Wellenlänge als rotes Licht, welches wiederum eine kürzere Wellenlänge als z.B. Radiowellen besitzt.

Was unterscheidet Röntgenstrahlung von Radiowellen? Die Antwort ist ganz einfach: nur die Wellenlänge. Röntgenstrahlen haben eine Wellenlänge im Bereich von Nanometern (1 nm = 10^{-9} m), Radiowellen haben Wellenlängen im Meter-Bereich.

Je kürzer die Wellenlänge, desto energiereicher ist die Strahlung. Deshalb ist UV-Strahlung auch schädlich und natürlich Röntgenstrahlung umso mehr.

Röntgenstrahlung, UV-Strahlung, sichtbares Licht, IR-Licht, Mikrowellen, Radiowellen: Alles sind Wellen. Mit den Augen sehen wir nur einen kleinen Bereich des elektromagnetischen Spektrums zwischen 400 und 700 nm.

Es gibt auch einen einfachen Zusammenhang zwischen der Wellenlänge λ und der Frequenz ν

$$c = \lambda\nu$$

Wobei c die Lichtgeschwindigkeit ist. Je größer die Wellenlänge, desto kleiner die Frequenz.

Unser Sehorgan: Das Auge

Das menschliche Auge ist sehr komplex. Über die Pupille, die bei Dunkelheit weit offen ist, damit mehr Licht ins Auge gelangt, wird Licht über eine Linse fokussiert und trifft auf die Sinneszellen. Von dort wird der Reiz über Nerven zum Gehirn geleitet und ein Bild entsteht. Wir haben Stäbchen und Zapfen als Sinnesorgane in den Augen.

Die Stäbchen sind lichtempfindlicher und mit ihnen sehen wir bei Dunkelheit. Allerdings erkennt man bei Dunkelheit nur Schwarzweiß-Bilder, keine Farben. Es gibt drei Arten von Zapfen, solche die rot,- grün- und blauempfindlich sind. Aus diesen drei Lichtfarben lassen sich bekanntlich alle beliebigen anderen Farben mischen. Wir sehen daher, welch komplexer Vorgang das Sehen ist.

Im Sinn der Evolutionstheorie ist es interessant, die Evolution des Auges zu verfolgen. Das Sehorgan entstand vor mehr als 500 Millionen Jahren. Bereits Trilobiten hatten Facettenaugen. Das Facettenauge entwickelte sich aus einem lichtempfindlichen Pigmentfleck. Die Welt, der Kosmos wurde also vor etwa 500 Millionen Jahren zum ersten Mal erblickt, sehend wahrgenommen.

Das menschliche Auge. Auf der Netzhaut befinden sich die Sinneszellen, Stäbchen und Zapfen.

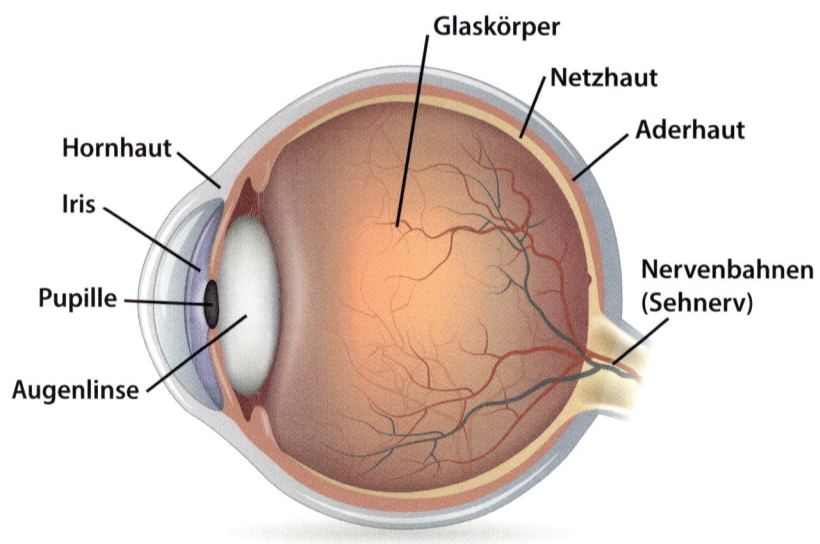

Licht als Teilchen

Kommen wir noch einmal zu den Eigenschaften des Lichtes zurück. Die Wellennatur des Lichtes und damit die elektromagnetische Strahlung wurde bereits besprochen. Aber Licht hat, wie schon betont, auch Teilcheneigenschaften. Albert Einstein (1879–1955), der wohl bekannteste Physiker, erhielt den Nobelpreis für Physik nicht, wie viele irrtümlich glauben, für seine Relativitätstheorie, sondern für die Erklärung des photoelektrischen Effekts. Bestrahlt man die Oberfläche gewisser Materialien (Metalle) mit Licht, dann kann Strom entstehen. Strom ist die Bewegung von Elektronen. Es werden daher Elektronen von den Atomen der Oberfläche des bestrahlten Materials losgelöst. Einstein fand heraus, dass die auftreffende Strahlung eine bestimmte Frequenz oder Wellenlänge haben muss, ansonsten treten keine Elektronen aus. Dies kann man leicht mit dem Teilchenmodell erklären. Nehmen wir an, Licht sei ein Strahl von kleinen Teilchen, den sogenannten Photonen. Diese Photonen treffen auf die Oberfläche eines Materials auf. Nur wenn ihre Energie so groß ist, wie die Energie, mit der die Elektronen an das Material gebunden sind, werden die Elektronen losgelöst. Es braucht also eine gewisse Austrittsarbeit.

Die Energie der Photonen beträgt:　　　$E = h\nu$

Diese Formel sieht zunächst harmlos aus. Die Energie E ist proportional zur Frequenz der Teilchen (Photonen). Je höher die Frequenz (oder je kürzer die Wellenlänge), desto größer auch die Energie der Photonen. h ist eine Konstante und wird als das Planck'sche Wirkungsquantum bezeichnet.
Genau das ist der Punkt.

Die Energie eines Photons ist nicht beliebig, sondern portioniert, gequantelt. Photonen besitzen eine Energie von

　　hv, 2hv, 3hv, 4hv, ...

und so fort. Niemals aber gibt es Photonen mit einer Energie von zum Beispiel *0,5hv*.

Man sagt, die Energie ist gequantelt, sie kommt nur in ganzzahligen Vielfachen von *hv* vor. In der Natur sind keine beliebigen Energiewerte möglich. Dies kennen wir im Alltag ansonsten nicht. Im Alltag erscheint es uns, als ob es beliebige Werte der Energie gibt. Es wäre für uns völlig unlogisch, wenn wir die Zentralheizung unserer Wohnung nur auf 20, 24 oder 28 Grad stellen können und dazwischen keine Werte möglich sind.

Der Grund, weshalb uns diese quantenphysikalischen Effekte im Alltag nicht auffallen, liegt an der Kleinheit des Wertes des Planck'schen Wirkungsquantums:

6 = 6,67 10⁻³⁴ Js

Dies ist ein extrem geringer Zahlenwert. So wird uns sofort klar, dass solche Quanteneffekte nur auf sehr kleinen atomaren Skalen eine Rolle spielen. Außerdem bestehen ja die Körper im Alltag aus sehr sehr vielen Atomen. Betrachten wir beispielsweise zwei Photonen, von den denen eines die Energie *hv* besitzt, das zweite soll die Energie *2hv* haben. Im Mittel sehen wir dann ein System mit einer Energie von *1,5hv*.

Ein anderer Effekt, der nur mit der Teilchennatur des Lichtes erklärt werden kann, ist der Comptoneffekt. Darunter versteht man die Streuung des Lichtes an Elektronen. Wenn Licht mit einer Wellenlänge λ auf ein Elektronen trifft, dann hat es nach der Streuung die Wellenlänge λ_0 wobei die gestreute Wellenlänge λ_0 kleiner ist als die ursprüngliche. Das Licht hat also quasi Energie verloren. Mit der Wellentheorie des Lichtes lässt sich dies nicht erklären. Besteht Licht aber aus Photonen, dann ist die Erklärung einfach wie beim Billardspiel. Ein Photon stößt mit einem Elektron zusammen, es überträgt einen Teil seiner Energie an das Elektron und hat deshalb nach dem Stoß eine geringere Energie, also eine größere Wellenlänge.

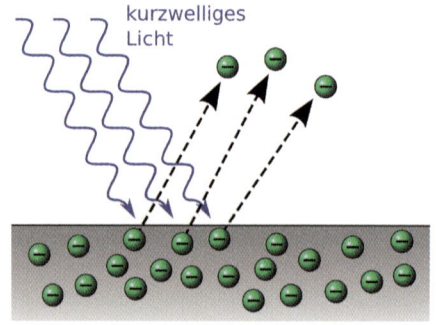

Der Comptoneffekt wurde von A.H. Compton (1892–1962) entdeckt. Dieser erhielt 1927 den Nobelpreis für Physik. Compton war im Rahmen des Manhattan-Projekts an der Entwicklung der amerikanischen Atombombe beteiligt. Er bereute dies später sehr und schrieb ein Buch „Die Atombombe und ich".

Noch einmal zur Klarstellung: Licht hat sowohl Teilchen- als auch Wellencharakter. Je nach Experiment kommt der Teilchen- oder der Wellencharakter zum Vorschein, Licht (elektromagnetische Strahlung) ist beides.

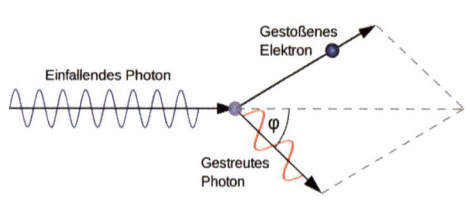

oben: Schema des photoelektrischen Effekts.
unten: Der Comptoneffekt.

Materie und Wellen

Jetzt wird es radikal, wir gehen einen Schritt weiter. Wenn Licht beides ist, eine Welle oder ein Teilchen, dann könnte es doch sein, dass dies auf alle Teilchen zutrifft. Teilchen können sich unter bestimmten Umständen auch wie Wellen verhalten. Genau diesen radikalen Ansatz machte Louis de Broglie (1892–1987). Zunächst machte Broglie Experimente mit den leichtesten Teilchen, den Elektronen. Er wiederholte das schon erwähnte Doppelspaltexperiment mit Elektronen. Zur großen Überraschung fand er ein ähnliches Interferenzmuster wie bei den Versuchen mit Licht. Dieses Muster kann man nur mit der Wellennatur der Teilchen erklären, also müssten auch Elektronen Welleneigenschaften aufweisen.

Klassische Teilchen zeigen natürlich keine Interferenz. Sie gelangen entweder durch den linken oder rechten Spalt und häufen sich dann dahinter.
Wir sind hier also beim sogenannten Dualismus Welle-Teilchen angelangt. Es wurden weitere Versuche unternommen, ob sich auch andere Teilchen wie Wellen verhalten. 1930 konnten Estermann und Stern dieselben Interferenzmuster beim Durchgang von Wasserstoffmolekülen H_2 messen. Im Jahr 1990 gelang es in Wien, Interferenzmuster von C_{60}-Molekülen nachzuweisen. Diese sind ballförmig angeordnet, man nennt sie auch *Buckyballs*. Sie enthalten 360 Protonen, 360 Neutronen sowie 360 Elektronen. Man kann diese Moleküle als kleine Klumpen im Rastertunnelmikroskop sehen. Dies ist eine weitere Bestätigung der Richtigkeit von de Broglies Vermutung, dass alle Teilchen einen Wellencharakter haben.
Die Wellenlänge eines Teilchens hängt von dessen Masse *m* und Geschwindigkeit *v* ab und ist gegeben durch die Formel

$$\lambda = \frac{h}{p}$$

Wobei *p* der Impuls ist und *p* = *mv*. Da das Planck'sche Wirkungsquantum sehr klein ist, ist die De-Broglie-Wellenlänge für makroskopische Teilchen extrem klein. Nehmen wir einen Menschen mit einer Masse von 100 kg und einer Geschwindigkeit von 1 m/s. Dann ist seine Wellenlänge

$6{,}626 \cdot 10^{-34}/100 = 6{,}626 \cdot 10^{-32}$ m = 6,626/100 000 000 000 000 000 000 000 000 000 000

Man kann sich vorstellen, dass dies im Alltag nicht auffällt.

Die De-Broglie-Wellenlänge für das C_{60} Molekül ist 3 pm = $3 \cdot 10^{-12}$ m. Wir sind hier also im Bereich der atomaren Skalen.

Also besteht natürlich auch jede Materie aus Teilchen, die auch Wellencharakter besitzen (De Broglie).

Zwei wichtige Aussagen der Quantenphysik:
Energie und andere Größen kommen nicht kontinuierlich vor, sondern sie sind gequantelt.
Teilchen können sich wie Wellen und Wellen wie Teilchen verhalten. Dies bezeichnet man Welle-Teilchen-Dualismus.
Wir haben es also mit einer völlig neuen Physik zu tun. Wir entfernen uns immer mehr von einem deterministischen Weltbild, es ist nicht einmal sicher, ob das Elektron ein Teilchen oder eine Welle ist, sondern dies hängt vom Experiment ab.

Alles unsicher: Die Heisenberg'sche Unschärferelation

Jetzt kommen wir zu einer weiteren zentralen Aussage der Quantenphysik. Wir konnten Teilchen auch als Wellen beschreiben. Eine Welle ist nicht direkt lokalisierbar, sie breitet sich aus. So konnte der Physiker Werner Heisenberg zeigen, dass zwei bestimmte Messgrößen nur bis auf eine Unschärfe bestimmbar sind.
Heisenberg lebte von 1901 bis 1976. Für die wesentliche Mitbegründung der Quantenmechanik wurde Heisenberg 1932 mit dem Nobelpreis für Physik ausgezeichnet.

Betrachten wir den Ort eines Teilchens, gegeben durch x und den Impuls p, der gleich dem Produkt aus Masse m und Geschwindigkeit v ist. Der Ort lässt sich nicht genau bestimmen, es gibt eine Unschärfe, die man mit Δx bezeichnet, ebenso der Impuls, dessen Unschärfe Δp sein soll. Die Heisenberg'sche Unschärferelation lautet dann:

$$\Delta x \, \Delta p \geq h/2\pi$$

Wenn Sie also quantenmechanisch mit einem Auto unterwegs sind, brauchen sie keine Angst vor Radarkontrollen zu haben. Entweder die Polizei weiß genau, wo sie gefahren sind, dann hat sie aber keine Kenntnis Ihrer Geschwindigkeit, oder sie hat genau gemessen, wie schnell Sie gefahren sind, hat aber keine Ahnung, wo sie gefahren sind. So skurril ist also die Quantenwelt. Dieses seltsame Verhalten hängt mit dem Welle-Teilchen-Dualismus zusammen. Wesentlich ist, dass diese Prozesse nur bei extrem kleinen Skalen im Bereich der Atome wichtig sind.

Wozu kümmern wir uns dann überhaupt darum, haben Quanteneffekte im Alltag überhaupt eine Bedeutung?

Ohne Quanteneffekte gibt es keine moderne Elektronik. Das Verhalten diverser elektronische Bauteile wie Transistoren, Charge Coupled Arrays (CCDs, das sind lichtempfindliche Chips, die in Kameras die Bilder aufnehmen) … lässt sich nur mithilfe der Quantenphysik verstehen und erklären. Wir stehen auch kurz vor dem Durchbruch zu einer völlig neuen Art von Computern, den Quantencomputern, die wesentlich leistungsfähiger sein werden. Auch die Teleportation von Atomen wurde bereits bewiesen.

Heisenberg war nicht nur Physiker, sondern auch Philosoph. Er war überzeugt von der Richtigkeit der Überlegungen Platons. „Denn die kleinsten Einheiten der Materie sind tatsächlich nicht physikalische Objekte im gewöhnlichen Sinne des Wortes; sie sind Formen, Strukturen, oder im Sinne Platos, Ideen, über die man unzweideutig nur in der Sprache der Mathematik reden kann."

Materie sei das Gegenstück zum Geist. Es gibt keine Unterscheidung zwischen einem Kraftfeld und einem Stoff. Zu jedem Kraftfeld gehört eine besondere Art von Elementarteilchen.

Wie genau kann man messen?

Die Unschärferelation (auch Unbestimmtheitsrelation genannt) bringt etwas völlig Unerwartetes in die Physik. Sie besagt, dass auf atomarer Ebene zwei Größen wie Ort und Geschwindigkeit eines Teilchens nicht gleichzeitig exakt messbar sind. Das gilt übrigens auch für die Energie und die Zeit eines Teilchens. Zu einem genauen Zeitpunkt weiß man praktisch nichts über die Energie, eine genaue Energiemessung bedingt eine große Zeitunsicherheit. Einstein, der ja durch seine Beiträge zum photoelektrischen Effekt viel zur modernen Quantenmechanik beigetragen hatte, war mit diesen Aussagen überhaupt nicht einverstanden. Seiner Meinung nach kann es derartige Zufälle beziehungsweise derartige Unsicherheiten in der Natur nicht geben. Sein berühmter Ausspruch lautet: „Gott würfelt nicht."

Was völlig neu in der Quantenphysik dazukommt und unser Weltbild über die Physik revolutioniert hat, ist auch, dass man von gewissen Zuständen eines Systems nur mehr Wahrscheinlichkeiten angeben kann. Wir können daher nicht sagen, das Elektron befinde sich zu einem bestimmten Zeitpunkt genau an einer bestimmten Stelle in seiner Umlaufbahn um den Atomkern. Wir können nur Wahrscheinlichkeiten angeben, nämlich dass es am wahrscheinlichsten ist, das Elektron in einem bestimmten Abstand vom Atomkern zu finden und es quasi auf dieser Umlaufbahn verschmiert ist. Dazu kommt zu allem Überfluss noch ein weiterer Effekt. Stellen sie sich vor, sie wollten ein Hindernis wie einen Berg überqueren. Das geht nach der klassischen Physik eben nur, wenn man zunächst den Berg hinaufklettert und dann wieder nach unten. Eine mühsame Sache also. Einfacher wäre es, wenn wir durch Wände oder geschlossene Türen gehen könnten oder einfach durch den Berg hindurch. Was uns als völlig unmöglich erscheint, ist in der Quantenphysik möglich. Ein Teilchen, das den Regeln der Quantenmechanik gehorcht, kann genau das. Es kann durch verschlossene Wände dringen, es kann, wie Physiker sagen, eine Potenzialbarriere durchdringen, obwohl seine Energie eigentlich dafür gar nicht ausreicht. Dies wird als *Tunneleffekt* bezeichnet. Vielleicht denken sie, das kann doch alles nicht wahr sein oder ist bloß reine Theorie. Aber ohne Tunneleffekt würde kein Transistor funktionieren. Sterne erzeugen ihre Energie durch Fusion. Diese erfolgt selbst bei den mehr als 10 Millionen Grad hohen Temperaturen im Inneren der Sterne nur durch den Tunneleffekt.

Weshalb werden eigentlich so hohe Temperaturen zur Fusion (Verschmelzung) zweier Wasserstoffkerne benötigt? Wir erinnern uns: Der Atomkern des Wasserstoffatoms besteht aus einem Proton. Zwei Protonen, die zusammenkommen, stoßen einander ab. Selbst die hohe Energie, die sie durch die hohen Temperaturen haben, reicht nicht aus, diese Coulombabstoßung zu überwinden. Deshalb braucht es den quantenmechanischen Tunneleffekt. Der Tunneleffekt bedeutet, dass Teilchen, obwohl sie zu wenig Energie besitzen, dennoch die durch die elektromagnetische Kraft beschriebene Abstoßung überwinden können.

Der Tunneleffekt.

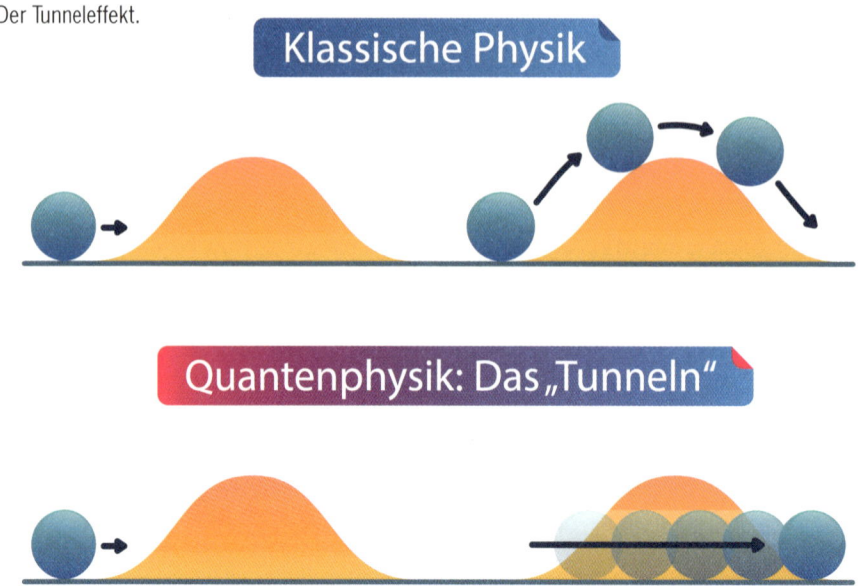

Fassen wir also nochmals die wesentlichen Merkmale der Quantenmechanik zusammen:

Die Energie ist gequantelt, das zeigt zum Beispiel der Photoeffekt.
Es gibt einen Welle-Teilchen-Dualismus. Dieser betrifft Licht und Materie.
Es gibt eine Unschärferelation bezüglich Energie/Zeit bzw. Ort/Impuls

$$\Delta x \Delta p \geq \frac{h}{2\pi}$$

$$\Delta E \Delta t \geq \frac{h}{2\pi}$$

Teilchen werden durch eine Wellenfunktion beschrieben. Diese gibt eine Wahrscheinlichkeit an, ein Teilchen zu einer Zeit t an einem Ort zu finden.
Tunneleffekt: das Durchqueren einer Energiebarriere ist möglich, obwohl die Energie eigentlich nicht ausreicht.

Der Tunneleffekt ist sicherlich klassisch schwer zu verstehen. Man stelle sich vor, man hätte keinen Benzin im Tank und könnte dennoch fahren. Ein quantenmechanisches Auto hätte viele Vorteile, es wäre nicht vom Radar erfassbar und könnte mit geringerer Energie weiterfahren.

Der quantenmechanische Tunneleffekt erlaubt es Teilchen, quasi durch Wände zu gehen. Ohne diesen Effekt könnten Sterne nicht leuchten. Da sich gemäß der klassischen Physik die Protonen selbst bei den hohen Energien im Sterninneren abstoßen würden und nicht verschmelzen.

Die Katze: Tot oder lebendig?

Ein weiteres Paradoxon der Quantenmechanik betrifft die Messung selbst. Berühmt ist das etwas morbide Beispiel von Schrödingers Katze. In einem abgeschlossenen Raum befindet sich eine lebende Katze. Außerdem gibt es in diesem Raum eine radioaktive Probe. Zerfällt eines der Atome, dann wird Gift freigesetzt und die Katze ist tot. Die Frage ist, in welchem Zustand befindet sich die Katze für einen Experimentator außerhalb des Raumes, der nur weiß, dass im Innenraum eine Katze ist. Lebt die Katze oder ist sie tot? Wir können für ein einzelnes Atom nicht exakt vorhersagen, wann es zerfallen wird. Nach der Interpretation der Quantenmechanik sind beide Zustände für die Katze denkbar. Erst die direkte Messung, also wenn wir in den Raum hineinblicken, entscheidet, ob die Katze tot oder lebendig ist.

Schrödingers Katze, ein quantenmechanisches Gedankenexperiment.

Die Quantenphysik hat unser Weltbild wesentlich erweitert. Im atomaren Bereich kann man keine exakten Aussagen mehr treffen. Nach der Newtonschen Auffassung ist dies völlig undenkbar.

Einstein und seine Relativitätstheorie

Die zweite große Theorie der Physik des 20. Jahrhunderts ist die Relativitätstheorie Einsteins. Man unterscheidet dabei zwischen der speziellen und der allgemeinen Relativitätstheorie. Bei der speziellen Relativitätstheorie untersucht man Systeme, die sich gegeneinander mit einer konstanten Geschwindigkeit bewegen. Bei der allgemeinen Relativitätstheorie sind auch Systeme oder Bezugssysteme inkludiert, die sich beschleunigen, also mit sich ändernder Geschwindigkeit gegeneinander bewegen.

Albert Einstein wurde 1879 in Ulm geboren. Er starb 1955 in Princeton, USA. Er besaß im Lauf seines Lebens mehrere Staatsbürgerschaften, zunächst war er Württemberger, 1896–1901 staatenlos, dann ab 1901 Staatsbürger der Schweiz, kurz auch Staatsbürger Österreich-Ungarns. Von 1914 bis 1932 lebte Einstein in Berlin und war Bürger des deutschen Reiches. 1933 gab er aus Protest gegen die Machtergreifung Hitlers den deutschen Pass ab und ab 1940 war er auch Staatsbürger der Vereinigten Staaten von Amerika. Kurz nach seiner Geburt zog die Familie nach München, wo sie eine Fabrik für elektrische Geräte hatte. Allen ehrgeizigen Müttern und Vätern sei berichtet, dass sich Einsteins Genialität im Kindesalter nicht zeigte. Er begann erst mit 3 Jahren zu sprechen. Die Schulleistungen waren gut, weniger gut in den Sprachen, herausragend in den Naturwissenschaften. Einstein besuchte das Luitpold-Gymnasium, geriet aber mit seinen strengen Lehrern öfter in Konflikt. Er verließ die Schule ohne Abschluss und zog zu seiner inzwischen nach Mailand ausgewanderten Familie. Obwohl sein Vater wünschte, Albert solle Elektrotechnik studieren, inskribierte Einstein an der Eidgenössischen Hochschule in Zürich Mathematik und Physik und musste zuvor eine Prüfung ablegen, da er noch kein Abitur hatte. Er war der jüngste Teilnehmer mit 16 Jahren und scheiterte bei der Aufnahmeprüfung am Fach Französisch. Er besuchte dann auf Vermittlung eines Freundes hin die aargauische Kantonsschule. Am 3. Oktober 1896 hielt Einstein sein lange ersehntes Abiturzeugnis in den Händen. Dabei hatte er fünfmal die Bestnote (in der Schweiz eine 6) und in Französisch eine 3. Also war Einstein keineswegs ein schlechter Schüler, wie oft behauptet wird. Endlich schrieb er sich 1896 für ein Studium als Fachlehrer am Polytechnikum in Zürich ein. Er geriet oft in Diskussionen mit seinen Professoren und fiel auch durch häufige Abwesenheit auf. Aber 1900 schloss er die Hochschule mit dem Diplom in Mathematik und Physik ab.

Einstein bewarb sich auf mehrere Stellen als Assistent, wurde jedoch abgelehnt und musste sein Geld zunächst als Hauslehrer verdienen. 1901 erhielt er die schweizerische Staatsbürgerschaft und 1902 bekam er eine fixe Stelle als technischer Experte beim Patentamt in Bern. 1903 heiratete Einstein Mileva Maric aus Novi Sad. Beide Eltern waren mit der Heirat nicht einverstanden. Das Paar hatte zwei Söhne, Hans Albert (1904–1973) und Eduard (1910–1965). Nun begann die wissenschaftliche Karriere Einsteins. 1905 veröffentlichte er seine Arbeit über den photoelektrischen Effekt. Am 30. April 1905 beendete er seine Dissertation über das Thema „Eine neue Bestimmung der Moleküldimension". Die Arbeit wurde akzeptiert, bevor sie 1906 publiziert wurde, mussten aber noch einige Fehler korrigiert werden. Im Juni 1905 reichte Einstein dann seine Arbeit *Zur Elektrodynamik bewegter Körper* ein. Diese Arbeit enthält die berühmte Formel:

$$E = mc^2$$

Dabei steht E für die Energie und m für die Masse eines Körpers. Die Größe c kennen wir schon, es ist die Lichtgeschwindigkeit. Diese Formel besagt nichts anderes, als dass Energie und Masse dasselbe ist.

Man kann also Energie in Masse umwandeln, umgekehrt entstehen bei den hohen Energien in Teilchenbeschleunigern wie etwa beim Institut CERN Masseteilchen. Trotz dieser bahnbrechenden Erkenntnisse blieb Einstein vorerst noch ein unbekannter Beamter im Patentamt von Bern.

Der absolute Durchbruch gelang ihm mit der Erkenntnis, dass die träge Masse gleich der schweren Masse sein muss, man bezeichnet das als Äquivalenzprinzip.

Einstein selbst schreibt in seiner Autobiografie, dass er auf einem Sessel im Patent-amt sitzend sich Folgendes überlegte: Eine Person, die sich im freien Fall befindet, spürt ihr eigenes Gewicht nicht. Umgekehrt kann eine Person, die sich beschleu-nigt bewegt, nicht unterscheiden, ob sie von einer Masse angezogen wird, sich also im Gravitationsfeld eines Himmelskörpers befindet oder eben nur in einem Raum-schiff, das entsprechend beschleunigt wird.

Im Jahr 1908 gab es dann die Publikationen von Hermann Minkowski, in der zum ersten Mal das Raum-Zeit-Konzept dargestellt wird, das Einstein dann übernom-men hat. Einstein wollte sich habilitieren, doch sein Antrag im Jahr 1907 wurde an der Berner Universität abgelehnt, erst ein Jahr später wurde er angenommen. 1909 wurde Einstein zum Dozenten für theoretische Physik an die Universität Zürich berufen. 1911 wurde er von Kaiser Franz Joseph zum ordentlichen Professor für theoretische Physik an die Universität Prag berufen, aber ein Jahr später kehrte er wieder an die Eidgenössische Hochschule nach Zürich zurück. 1914 ging Einstein auf Fürsprache von Max Planck nach Berlin. Er hatte dort eine großartige Stellung, er war von Lehrverpflichtungen befreit und konnte sich ganz der Wissenschaft widmen. 1916 erschien dann sein großes Werk über die allgemeine Relativitäts-theorie. Nach seiner Scheidung 1919 heiratete Einstein Elsa Löwenthal.

Nun wurde Einstein weltberühmt. Er machte Vorhersagen zu seiner Theorie, die 1919 bestätigt wurden.

Elsa Löwenthal und Albert Einstein, um 1921.

Doch was ist die Kernaussage der allgemeinen Relativitätstheorie?

Sie besagt, dass wir in einem vierdimensionalen Raum-Zeit-Kontinuum leben. Dies ist im Prinzip logisch und einfach erklärt: Jedes Ereignis im Universum findet an einem Ort, der durch drei Koordinaten gegeben ist (x,y,z) zu einem bestimmten Zeitpunkt t statt. Durch die Angabe der Größen (x,y,z,t) wissen wir also genau, wann und wo etwas in unserer Welt stattgefunden hat.

Die spezielle Relativitätstheorie geht zunächst von einem seltsamen Faktum aus: der Konstanz der Lichtgeschwindigkeit. Nehmen wir an, wir senden einen Lichtstrahl aus. Dann betrachten wir zwei Fälle:

1. Wir befinden uns in Ruhe, senden den Lichtstrahl aus, dann messen wir die Geschwindigkeit der ausgesendeten Lichtteilchen (oder die Ausbreitungsgeschwindigkeit der elektromagnetischen Wellen), und stellen fest: Sie breiten sich mit Lichtgeschwindigkeit c aus, was zu erwarten war.
2. Jetzt bewegen wir uns in dieselbe Richtung, in der wir auch die Lichtstrahlen aussenden. Nehmen wir an, unsere Geschwindigkeit sei v. Dann müssten sich die Lichtstrahlen mit der Geschwindigkeit $c+v$ ausbreiten. Doch die Messung zeigt wieder, dass sich das Licht mit der Geschwindigkeit c ausbreitet.
3. Jetzt bewegen wir uns in Gegenrichtung der Ausbreitung des Lichtstrahls, wieder mit der Geschwindigkeit v. Dann sollte die Messung der Geschwindigkeit der sich ausbreitenden Lichtstrahlen $c-v$ ergeben. Aber wieder messen wir c.

Jetzt ist klar, was mit Konstanz der Lichtgeschwindigkeit gemeint ist. Egal wie wir uns bewegen, wir messen immer nur die Lichtgeschwindigkeit c. Aber natürlich ist dieses Ergebnis sonderbar und widerspricht dem, was wir im Alltagsleben erfahren. Die Konstanz der Lichtgeschwindigkeit, sowie die Tatsache, dass sich nichts schneller ausbreiten kann als mit Lichtgeschwindigkeit, hat weitreichende Folgen: Ein grundlegendes Konzept in der Relativitätstheorie sind Bezugssysteme. Das sind, grob gesagt, physikalische Labors, in denen wir etwas messen.

Wir betrachten zwei Bezugssysteme: eines das ruht, ein anderes, das sich bewegt. Beispielsweise ein Raumschiff, das von der Erde wegfliegt, und einen Beobachter, der auf der Erde ruht. Der sich bewegende Beobachter misst dann ein Zeitintervall $\Delta t'$, der ruhende Beobachter Δt.

Dann tritt der Effekt der sogenannten Zeitdilatation (von lat. *dilatare* = verbreiten) ein. Die Geschwindigkeit des sich bewegenden Beobachters sei v, dann gilt

$$\Delta t = \frac{\Delta t'}{y} \qquad \text{mit} \qquad y = \sqrt{1 - v^2/c^2}$$

Was bedeutet diese Formel? Von einem ruhenden Beobachter aus gesehen ist ein größeres Zeitintervall vergangen als von einem sich bewegenden Beobachter. Reisen hält jung.

Betrachten wir ein Zeitintervall von 10 Sekunden, welches im bewegten System S' gemessen wird. Das System S' soll sich mit der Geschwindigkeit *0,1 c*, also einem Zehntel der Lichtgeschwindigkeit gegenüber dem ruhenden System S bewegen. *1/10 c* sind immerhin
30 0000 km/s, also in einer Sekunde ¾ des Erdumfanges.
Dann ist also $\Delta t'=10$. Aus den Formeln errechnen wir für Δt den Wert für $\Delta t=10{,}05$.

Was bedeutet dies nun? Während für die Person im System S' (z.B. in einem Raumschiff), das sich mit 30 000 km/s bewegt, 10 s an Zeit vergangen sind, sind im ruhenden System 10,05 s vergangen. Dies merkt man natürlich nur bei sehr genauen Messungen. Aber was passiert, wenn wir mit sagen wir 90 Prozent der Lichtgeschwindigkeit, also mit 0,9 c unterwegs sind. Wieder vergehen für die Raumfahrer 10 s, aber auf der Erde sind dann 22,91 s vergangen. Wir sehen also, Reisen hält wirklich jung.

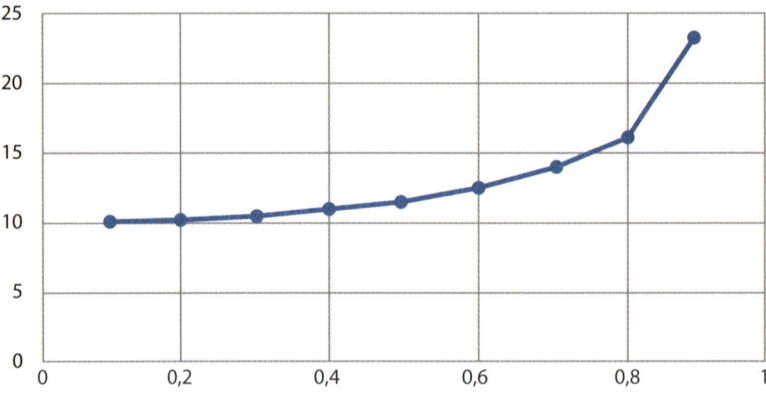

Die Zeitdilatation. Für den Beobachter im bewegten System vergehen 10 s, für den ruhenden sind jedoch abhängig von der Geschwindigkeit mehr als 10 s vergangen. Auf der x-Achse ist die Geschwindigkeit eingetragen in Einheiten der Lichtgeschwindigkeit. Bei v=0,1 c ist die für den ruhenden Beobachter vergangene Zeit noch sehr nahe bei 10 s, bei v=0,9 c jedoch schon fast 25 s.

Stellen wir uns eine Reise mit einem Raumschiff vor, das sich mit 90 Prozent der Lichtgeschwindigkeit bewegt, also mit 270 000 km/s. Die Reise soll 10 Jahre dauern, also für die Besatzung des Raumschiffes vergehen 10 Jahre. Wenn sie nach 10 Jahren auf die Erde zurückkehren, sind ihre Freunde und Verwandten um 23 Jahre gealtert! Angenommen, wir reisten mit 99 Prozent der Lichtgeschwindigkeit, dann würden die Werte noch dramatischer. Dann haben wir womöglich bei unserer Rückkehr gar keine lebenden Freunde mehr, sie wären nämlich um 71 Jahre gealtert.

Das sind natürlich nur theoretische Beispiele, unsere heutige Technik erlaubt es nicht einmal mit 10 Prozent der Lichtgeschwindigkeit (0,1 c) zu reisen. Hier ist der Effekt, wie oben gezeigt, kaum feststellbar.

Die Zeitdilatation spielt aber eine wichtige Rolle bei den Elementarteilchen, den Myonen. Nehmen wir an, sie bewegen sich in einem Teilchenbeschleuniger mit 99,5 Prozent der Lichtgeschwindigkeit, also ist v=0,9995 c. Myonen zerfallen normalerweise mit einer Halbwertszeit von 1,52 Millionstel Sekunden. Durch die schnelle Bewegung messen wir jedoch für den Zerfall der Myonen die Halbwertszeit von 48,1 Millionstel Sekunden. Die Myonen scheinen also länger zu leben.

Es gibt weitere interessante Effekte der speziellen Relativitätstheorie. Zum Beispiel kommt es bei sich schnell bewegenden Massen für den außenstehenden Beobachter zu einer relativistischen Massenzunahme:

$$m = \frac{m_0}{y}$$

Wobei m_0 die Ruhemasse ist. Darunter versteht man diejenige Masse, die ein Körper besitzt, wenn er sich nicht bewegt. Je schneller sich Körper bewegen, desto mehr wächst die Masse. Deshalb kann man Körper mit einer Ruhemasse auch nicht auf Lichtgeschwindigkeit bringen, da dann deren Masse unendlich groß anwachsen würde. Je mehr Masse, desto mehr an Kraft, Energie, muss aufgewendet werden, um den Körper zu beschleunigen. Andererseits besitzen Photonen, die Teilchen des Lichtes, keine Ruhemasse und können sich somit mit Lichtgeschwindigkeit ausbreiten.

Wir können also niemals mit Lichtgeschwindigkeit reisen, da dazu wegen der relativistischen Massenzunahme unendlich viel an Energie aufzubringen wäre.

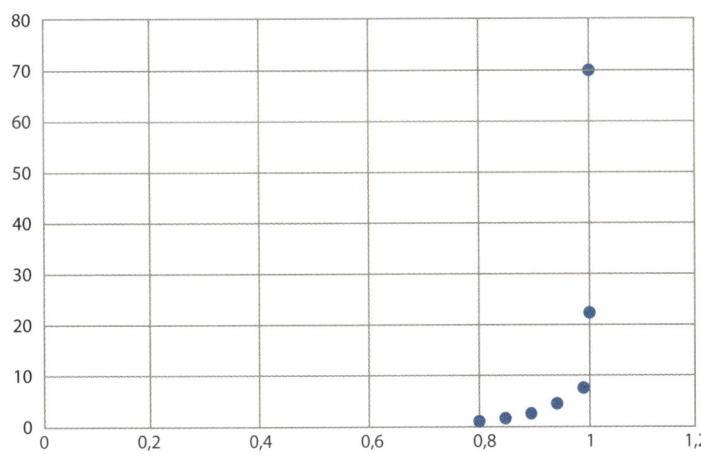

Die relativistische Massenzunahme. Der Wert 1 auf der Abszisse (x-Achse) bedeutet Lichtgeschwindigkeit.

Wir leben in einem gekrümmten Raum

Die Äquivalenz von träger und schwerer Masse wurde schon erwähnt. Sie bildet das Fundament der allgemeinen Relativitätstheorie. Einstein stellte seine berühmten Feldgleichungen auf. In diesen Gleichungen geht es um den Zusammenhang zwischen Materie und Krümmung der Raum-Zeit. Wie schon betont, leben wir in einer vierdimensionalen Raum-Zeit. Die Anwesenheit von Materie krümmt diesen Raum. Da Materie Gravitation bedeutet, jede Masse zieht andere Massen an (dies hat ja bereits Newton formuliert), bekommt Gravitation eine ganz neue Bedeutung. Die Erde bewegt sich im Gravitationsfeld der Sonne, das heißt, die Sonne krümmt die Raum-Zeit wegen ihrer Masse und die Erde bewegt sich darin. Doch wie lässt sich das nachweisen? Wenn sich alles im vierdimensionalen Raum-Zeit-Kontinuum bewegt, dann muss sich auch ein Lichtstrahl in diesem Kontinuum ausbreiteten. Der Lichtstrahl muss der Krümmung der Raum-Zeit folgen. Diese Krümmung der Raum-Zeit kann man sehr einfach ausrechnen. Sie hängt im Wesentlichen von der Masse des Körpers ab.

Lassen sich derartige Effekte messen? Stellen wir uns eine totale Sonnenfinsternis vor. Gemäß Einstein krümmt die Sonne den umgebenden Raum. Wenn wir also das Licht eines der Sonne während einer totalen Verfinsterung nahestehenden Sternes beobachten, den Ort des Sternes am Himmel sehr genau messen, dann sollte sich ein kleiner Unterschied gegenüber der Position des Sternes ergeben, wenn er nicht neben der verfinsterten Sonne steht, die Sonne also nach ein paar Monaten am Himmel weitergewandert ist durch die Bewegung der Erde um die Sonne.

Man braucht Sterne nahe der Sonne, um die Lichtablenkung zu messen. Am 29. Mai 1919 ereignete sich eine totale Sonnenfinsternis. Zum Zeitpunkt der Verfinsterung befand sich die Sonne in einer relativ sternreichen Gegend, im Sternhaufen der Hyaden im Sternbild Stier. Es sollten daher auf den Aufnahmen der verfinsterten Sonne auch Sterne zu erkennen sein. Unter der Leitung von Arthur Eddington wurde eine Finsternisexpedition zur afrikanischen Insel Principe gemacht.

Die Auswertung der Daten der Finsternisexpedition bestätigte eindrucksvoll Einsteins Vorhersagen bezüglich der Lichtablenkung und Einstein wurde plötzlich ein Superstar der Physik.

Die Raum-Zeit-Krümmung um die Erde herum lässt einen Satelliten um die Erde kreisen.

Alles ist relativ

In den sogenannten Minkowskidiagrammen werden die Weltlinien von Objekten im Universum eingezeichnet. Eine Weltlinie zeigt uns die Bewegung eines Objekts im Universum durch Raum und Zeit.

Wie bereits mehrmals erwähnt leben wir in einer vierdimensionalen Raum-Zeit. Zur Vereinfachung stellt man das in zwei Dimensionen dar, die x-Achse ist eine räumliche Dimension, die y-Achse die Zeit. Tragen wir in ein solches Diagramm ein Objekt ein, das sich zum Zeitpunkt $t = 3$ am Ort $x = 5$ befindet.

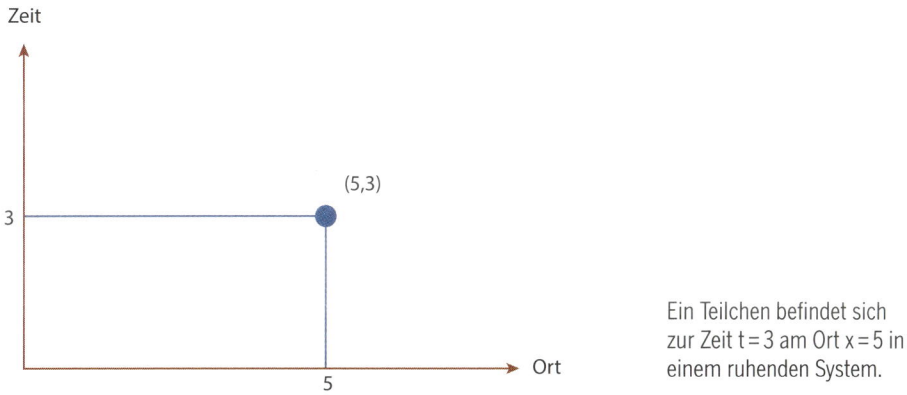

Ein Teilchen befindet sich zur Zeit t = 3 am Ort x = 5 in einem ruhenden System.

In der Schule haben Sie sich wahrscheinlich mit Weg-Zeit-Diagrammen befasst. Diese sind eigentlich ganz einfach.
Hier noch ein Beispiel dazu. Nehmen wir an, B' bewege sich mit 5 m/s in die positive x-Richtung. Dann können wir folgende Tabelle schreiben:

Zeit	Zurückgelegter Weg
0	0
1	5
2	10
3	15

Tragen wir dies in unser Diagramm ein, dann finden wir:

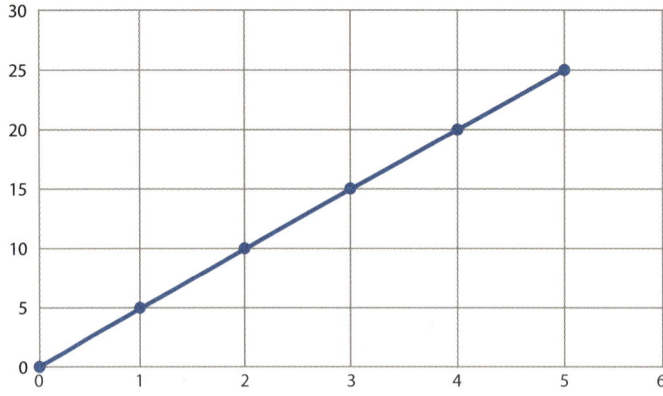

Weg-Zeit-Diagramm eines Objektes, das sich mit 5 m/s bewegt. Nach einer Sekunde (auf der x-Achse) hat es den Weg 5 m (auf der y-Achse) zurückgelegt.

Meist trägt man auf der y-Achse nicht die Zeit direkt, sondern das Produkt aus Zeit und Lichtgeschwindigkeit auf. Auf der x-Achse trägt man wieder die Raumkoordinate auf. Wie gesagt, müssten wir eigentlich drei Raumkoordinaten eintragen, aber das wäre nicht möglich. Die Bewegung eines Objektes in einem solchen Koordinatensystem nennen wir auch Weltlinie. Weltlinien stellen für jeden Zeitpunkt den Ort eines Objektes dar. Für einen ruhenden Beobachter ist die Weltlinie am Ort $x=0$ eine senkrechte Gerade, am Ort $x=5$ eine zu dieser Senkrechten geraden Parallele.

Betrachten wir die Fahrt eines Autos vom Ort A zum Ort C. Anhand der Weltlinie sehen wir, wie sich das Auto bewegt. Am Ort B ändert es seine Geschwindigkeit.

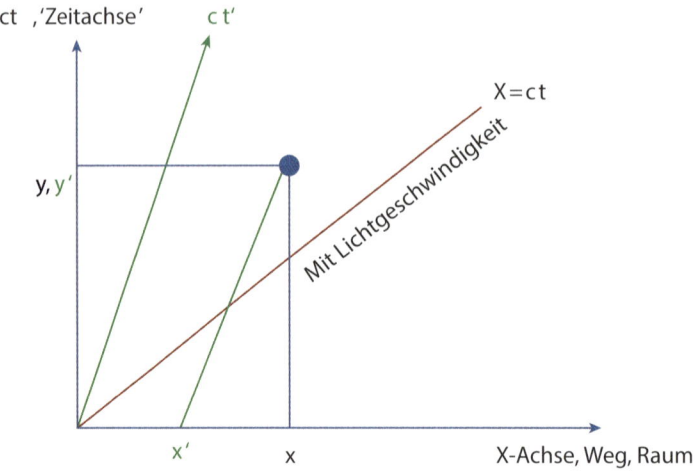

Weltlinie für einen ruhenden Beobachter B und für einen Beobachter B', der sich konstant bewegt (grüne Linie). Beide Beobachter messen einen Punkt (blau). Die Koordinaten dieses Punktes sind vom ruhenden Beobachter (x, y), vom Beobachter B' hingegen x', y', grün markiert. Da sich der Beobachter B' im Koordinatensystem nach rechts bewegt, ist die Koordinate x'<x. Die Zeit ist jedoch für beide Beobachter dieselbe.

Am Ort *C* ebenso. Wo fährt das Auto am schnellsten und wo am langsamsten? Das Auto fährt von *A* zum Zeitpunkt t_A weg und erreicht den Ort *B* zum Zeitpunkt t_B. Wir sehen, dass die Zeit bis zum Erreichen des Ortes *B* kürzer war als die Zeit, um von *B* nach *C* zu gelangen. Ab dem Ort *C* wird die Weltlinie dann stärker geneigt, das heißt, in kurzen Zeitabschnitten werden große

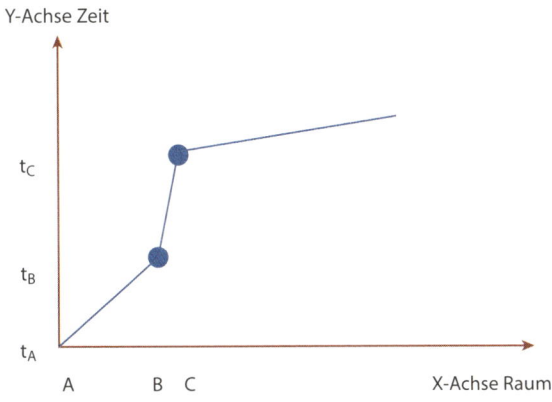

Die Fahrt eines Autos im Weg-Zeit-Diagramm.

Wege zurückgelegt. Das bedeutet, das Auto fährt sehr schnell. Ab Erreichen des Ortes *C* fährt es am schnellsten.

In der Relativitätstheorie geht man immer von zwei Beobachtern aus. Beobachter *B* soll ruhen, Beobachter *B'* soll sich mit konstanter Geschwindigkeit (spezielle Relativität, bei der allgemeinen Relativitätstheorie sind auch beschleunigte Bewegungen zulässig) bewegen.

Unser Weg-Zeit-Diagramm wird dann etwas komplizierter, im Grunde aber einfach.

Wir sehen, dass in einem solchen Diagramm jede beliebige Geschwindigkeit möglich ist. In der Relativitätstheorie gibt es aber zwei Grundprinzipien, die unantastbar sind:

Die Lichtgeschwindigkeit ist eine Grenzgeschwindigkeit
Man kann sich Transformationen zwischen zwei Bezugssystemen *S* und *S'* durch ein Minkowskidiagramm vorstellen.

Ein sich mit konstanter Geschwindigkeit bewegender Beobachter lässt sich im Minkowskidiagramm ganz einfach durch eine zur *ct*-Achse geneigte Gerade darstellen, wobei die Neigung der Geraden die Geschwindigkeit wiedergibt. Wir sehen, dass der Abstand vom Ursprung zunimmt. Je weiter die Zeit voranschreitet, desto mehr entfernt sich der Beobachter vom Ursprung.

Aus der Abbildung erkennt man auch: Je größer die Geschwindigkeit, desto größer wird die Neigung der Geraden. Da wir auf der Zeitachse nicht die Zeit, sondern das Produkt aus der Lichtgeschwindigkeit mal der Zeit auftragen, also *ct*, kann man sich leicht ausrechnen, was passiert, wenn sich jemand mit Lichtgeschwindigkeit bewegt. Dann muss nämlich gelten $x = ct$. Die Geschwindigkeit ist dann einfach

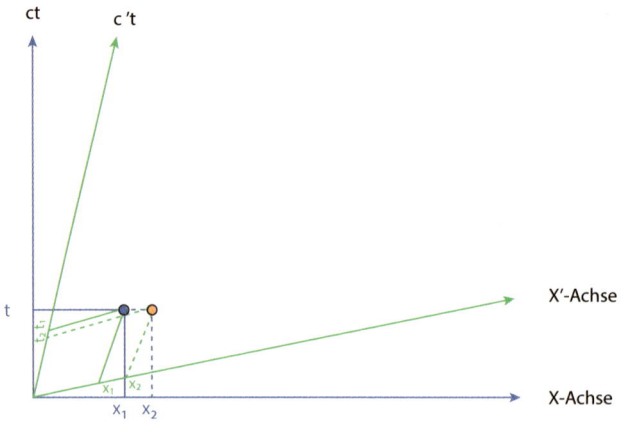

Zwei Ereignisse (blauer und gelber Punkt) in einem ruhenden (blau) und sich bewegenden Koordinatensystem (grün).

Weg/Zeit = x/t und wegen $x = ct$ folgt $x/t = c$, also ist der Beobachter mit Lichtgeschwindigkeit unterwegs.

Das Minkowski-Diagramm unterscheidet sich aber noch in einem anderen Aspekt vom bisher besprochenen Diagramm. Wieder betrachten wir zwei Bezugssysteme und zwei Ereignisse im Universum, eingetragen als gelb und blau. Wie beurteilen nun zwei Beobachter B im ruhenden und B' im sich mit $v < c$ bewegenden System diese Ereignisse?

Jetzt wird es spannend. Betrachten wir die beiden Ereignisse zunächst im ruhenden System, achten Sie also auf den blauen und grünen Punkt:

Blaues Ereignis: geschieht am Ort x_1 zu einem bestimmten Zeitpunkt t.

Gelbes Ereignis: geschieht an einem anderen Ort x_2 zum selben Zeitpunkt t. Das ist für uns nichts Ungewöhnliches; zwei Ereignisse im Universum können gleichzeitig an verschiedenen Orten geschehen. Während beispielsweise in Brasilien gerade Fußball gespielt wird, findet in Europa ein Autorennen statt.

Aber betrachten wir das ganz vom bewegten System aus (grün).

Blaues Ereignis: geschieht am Ort x_1 (grün markiert) zum Zeitpunkt t_1 (grün markiert).

Gelbes Ereignis: geschieht am Ort x_2 (grün markiert, jedoch zum Zeitpunkt t_2 (grün markiert). Wir sehen sofort aus der Abbildung, dass $t_2 < t_1$ ist, also findet für den Beobachter im grünen System das Ereignis blau und gelb nicht zur selben Zeit statt, sondern zuerst das gelbe, dann das blaue Ereignis.

Man erkennt daran etwas, das zunächst vollkommen unlogisch erscheint. Zwei Ereignisse, die in einem Bezugssystem gleichzeitig eintreten, können in einem anderen, sich bewegenden System, nicht mehr gleichzeitig sein.

Gleichzeitigkeit ist also relativ zum Bezugssystem (daher auch der Name *Relativitätstheorie*).

Totale Sonnenfinsternis, 1919. Originalaufnahme von Eddington (Negativ).
Einige Sterne, die vermessen wurden, sind markiert. Aus deren Position
konnte man die Lichtablenkung aufgrund der Raumkrümmung nachweisen.

Man stelle sich vor: Der Fernsehreporter sagt, das Fußballspiel in Brasilien und
das Autorennen in Frankreich finden zur selben Zeit statt. Die im Flugzeug mit
einer bestimmten Geschwindigkeit sich bewegende Reporterin hingegen sagt, das
Autorennen in Frankreich findet vor dem Fußballspiel in Brasilien statt. Und das
Tragische an der Geschichte ist: Beide haben absolut recht!

Was nun? Hat es überhaupt noch einen Sinn, Physik zu betreiben, offenbar kann
man nicht einmal eindeutig sagen, dass etwas gleichzeitig im Universum passiert
sei, es hängt immer davon ab, in welchem Bezugssystem man sich befindet. Anders
ausgedrückt, sind dies nur mathematische Spinnereien, denn im Alltag scheint es
doch anders zu sein.

Das hängt damit zusammen, dass relativistische Effekte erst dann eine Rolle spielen, wenn die Geschwindigkeiten sehr groß werden. Bei sehr hohen Geschwindigkeiten sind die beiden System S und S' stark gegeneinander geneigt, aber es gibt die
Grenze, die Lichtgeschwindigkeit. Zum Glück gibt es diese, denn nehmen wir an,
wir würden mit Überlichtgeschwindigkeit zum Mond reisen. Dann könnten wir
zum Beispiel unsere eigene Geburt sehen oder verhindern, dass unsere Eltern zusammenkommen, also wären wirklich absurde Dinge möglich. Wir sehen hier das
Kausalitätsprinzip verletzt. Es würden Dinge passieren, die es nicht geben kann. Es
gibt eine Ordnung im Kosmos. Die Eltern bringen ein Kind zur Welt, dieses kann
sich zwar Dank des technischen Fortschrittes vielleicht einmal nahe der Lichtgeschwindigkeit bewegen, jedoch niemals diesen Wert überschreiten.

Das expandierende Universum
und der Urknall

Die große Debatte

Unser Weltbild entwickelte sich in riesigen Schritten. Zuerst glaubte man, der Mensch und die Erde seien im Zentrum des Kosmos, dann erkannte man, dass sich Erde und Planeten um die Sonne bewegen, doch es sollte noch viel radikaler kommen.

Versetzen wir uns in die Zeit um 1900. Man wusste bereits, dass unsere Sonne, das Sonnensystem mit den Planeten, Teil eines riesigen Sternsystems ist, der Milchstraße. Es war auch ungefähr bekannt, dass die Milchstraße oder Galaxis eine Ausdehnung von etwa 100 000 Lichtjahren besitzt. Ein Funksignal wäre also 100 000 Jahre von einem zum anderen Ende unterwegs. Die große Frage war aber: Stellt die Milchstraße, die Galaxis, das gesamte Universum dar?

Man kannte mehrere Nebelfleckchen am Himmel, die sich von den gewöhnlichen Gasnebeln unterschieden. Viele dieser Nebelfleckchen zeigten eine seltsame spiralige Struktur. Sind diese kleinen Nebelflecken Teil unserer Milchstraße oder vielleicht gar eigenständige Galaxien? Die Teleskope reichten nicht aus, um diese Frage klären zu können. Um zu beweisen, dass es sich bei diesen Nebeln um eigenständige Galaxien handelt, musste man einerseits deren Entfernung kennen, andererseits auch in der Lage sein, zumindest einige dieser Objekte mit einem großen Teleskop in Einzelsterne aufzulösen.

Deshalb wurde beschlossen, auf dem Mount Wilson in Kalifornien ein neues Großteleskop zu errichten, das 100-Inch-Hooker-Teleskop. 100 Inch entsprechen 2,5 Metern, der Durchmesser des Spiegels misst also 2 ½ Meter. Damit konnte man viel Licht einfangen und selbst schwache Objekte sehen. Der Teleskopspiegel wurde 1917 fertiggestellt, 30 Jahre lang war es das größte Teleskop der Welt.

Das 100-Inch-Hooker-Teleskop auf dem Mount Wilson.

Der Astronom Shapley formulierte um 1915, als Einstein seine allgemeine Relativitätstheorie herausgab, die Big-Galaxy-Hypothese. Laut dieser ist die Milchstraße mit ihren riesigen Dimensionen das gesamte Universum. Der Astronom Curtis hingegen vertrat die Antithese. Er meinte, viele der kleinen Nebelfleckchen sind ferne eigenständige Galaxien, er bezeichnet diese mit dem schönen Namen „Welteninseln". Curtis behielt recht. Aber es war ein großes Verdienst Shapleys, der auch Direktor des Mount-Wilson-Observatoriums war, die Größe unserer Milchstraße einigermaßen richtig anzugeben.

Shapley beobachtete spezielle Sterne in den Kugelsternhaufen, das sind kugelartige Ansammlungen von vielen Hunderttausenden bis zu einigen Millionen Sternen. In diesen Kugelsternhaufen gibt es eine spezielle Gruppe veränderlicher Sterne. Das sind Sterne, die periodisch heller und schwächer werden im Lauf von einigen Tagen. Man konnte sehr genau die Periode dieser Sterne bestimmen. Dann passierte aber etwas Eigenartiges. Shapley erkannte, dass es einen Zusammenhang zwischen der Periodendauer und gemessenen Helligkeit dieser Objekte gibt. Man bezeichnete diese Art von veränderlichen Sternen als *Cepheiden*. Natürlich hängt die gemessene Helligkeit eines Sternes von dessen wahrer Leuchtkraft und der Entfernung ab. Aber Shapley ging richtigerweise davon aus, dass alle Cepheiden eines Kugelsternhaufens in etwa gleich weit von uns entfernt sind. Deshalb spielt deren Entfernung keine Rolle. Shapley entdeckte also die Perioden-Leuchtkraft-Beziehung der Cepheiden.

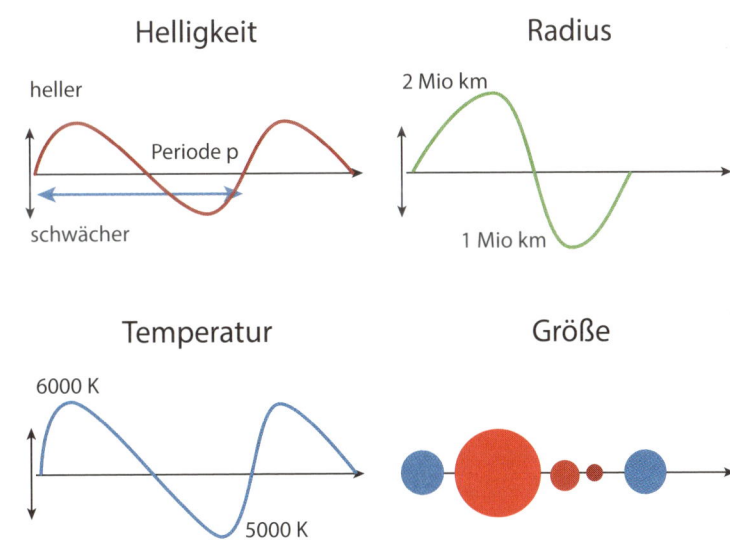

Cepheiden: Eine Gruppe veränderlicher Sterne. Sie werden heller und schwächer mit einer relativ genauen Periode.

Die Perioden-Leuchtkraft-Beziehung von Cepheiden gestattet Entfernungsbestimmungen. Aus der Periode des Helligkeitswechsels dieser Objekte folgt die wahre Leuchtkraft und aus dem Vergleich mit der gemessenen entfernungsabhängigen Helligkeit die Entfernung.

Wie in der Abbildung gezeigt, ändern sich die Helligkeiten der Cepheiden mit einer Periode.
Grund für diese Änderungen ist, dass sich die Sterne ausdehnen und wieder zusammenziehen. Dabei ändert sich auch die Temperatur. Sternhelligkeiten gibt man, wie schon an anderer Stelle gesagt, in Größenklassen an, die hellsten Sterne nennt man Sterne erster Größe, die schwächsten gerade noch mit freiem Auge erkennbaren Sterne (nur bei vollkommener Dunkelheit) haben sechste Größe. Die scheinbare Helligkeit hängt von der Entfernung und der wahren Leuchtkraft eines Sternes ab. Die absolute Helligkeit ist die scheinbare Helligkeit eines Sternes in einer Entfernung von 32,6 Lichtjahren. In dieser Entfernung würde der Radius der Erdbahn unter einem Winkel von 0,1 Bogensekunden erscheinen.

Scheinbare Helligkeiten bezeichnet man mit m (vom lateinischen *Magnitudo*, Größenklasse), absolute Helligkeiten mit M. Kennt man also die absolute Helligkeit eines Sternes, dann folgt aus dem Vergleich der scheinbaren Helligkeit die Entfernung.

$$m - M = 5 \log r - 5$$

Dabei ist r die Entfernung in parsec, 1 pc = 3,26 Lichtjahre.
Für die Cepheiden gilt folgende Perioden-Helligkeitsbeziehung:

$$M = 1,67 - 2,54 \log (P/d)$$

Die Periode P ist in dieser Formel in Tagen einzusetzen. Nehmen wir an, wir hätten eine Periodendauer von 10 Tagen gemessen. Sie erinnern sich vielleicht, dass der Logarithmus von 10 gleich 1 ist. Die absolute Helligkeit des Cepheiden wäre als dann gleich -1,67-2,54= -3,21. Wir haben also M=-3,21. Nehmen wir an, die scheinbare Helligkeit des Cepheiden wäre +6, also eventuell unter sehr guten Umständen gerade noch mit freiem Auge zu sehen. Nun berechnen wir die Entfernung.

$$6 - (-3,21) = 5 \log r - 5$$

daraus folgt: *9,21 + 5 = 5 log r*
                  14,21/5 = log r
                  2,82 = log r

Nun kehren wir den Logarithmus (ist der Logarithmus zu Basis 10) um.
Wir finden daher r = $10^{2,82}$ = 695 pc = 695*3,26 Lj = 2265 Lichtjahre.

Wir können mit einem Cepheiden, der gerade noch mit freiem Auge erkennbar
ist, Distanzen von mehr als 2 000 Lichtjahren bestimmen. Wenn der Cepheide elfte
Größe besitzt (dies ist mit einem Kleinteleskop noch zu erkennen), dann bekommt
man als Entfernung:
22 000 Lichtjahre. Dies ist bereits in etwa die Entfernung zu den beschriebenen
Kugelsternhaufen.

Das Sternbild Herkules ist in Mitteleuropa besonders im Sommer und
im Herbst am Abendhimmel gut zu
erkennen. In der Nachbarschaft befindet sich der helle Stern Wega.
Cepheidensterne werden auch als
„Pulsationsveränderliche Sterne" bezeichnet. Sie wurden benannt nach
dem Prototyp, dem Stern δ Cephei.
Die Lichtkurve dieses Sternes ist
unten gezeigt.

Die Periode dieses Sternes beträgt
5,37 Tage, seine Ausdehnung ändert
sich während seines Helligkeitswechsels um 2,7 Millionen Kilometer, das ist fast das Doppelte des
Sonnendurchmessers.

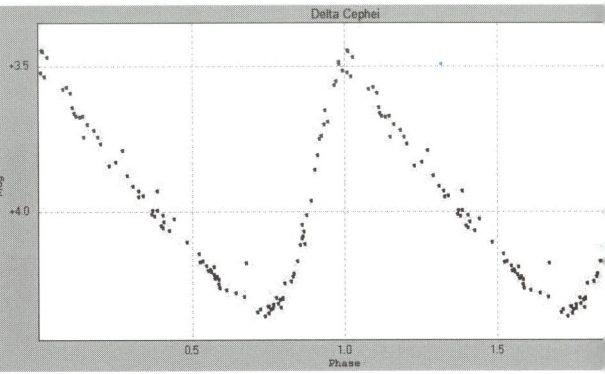

oben: Der berühmte Kugelsternhaufen M13 im
Sternbild Herkules. Er kann bereits mit einem
Feldstecher als kleines nebeliges Fleckchen
am Himmel gefunden werden. Er ist etwa
27 000 Lichtjahre von uns entfernt.
unten: Lichtkurve des Sternes Delta Cephei.

Edwin P. Hubble

E.P. Hubble wurde 1889 geboren und starb 1953. Hubble studierte Astronomie und Physik in Chicago, nach dem Bachelor of Science ging er dann ins englische Oxford um Rechtswissenschaften zu studieren, besonders auf Wunsch seiner Eltern, die in der Astronomie einen brotlosen Job sahen. Dieses Studium schloss er in drei Jahren ab und kehrte als Magister jur. in die USA zurück.

Hubbles Entdeckungen lieferten uns ein neues Weltbild. Er konnte als erster die Entfernung zum Andromedanebel bestimmen. Wie das geht, hat sich im vorigen Kapitel gezeigt. Man benötigt ein großes Teleskop, um auch zumindest einige weit entfernte, schwache Sterne in dem Andromedanebel isoliert zu sehen, und man benötigt Geduld. Hubble suchte nämlich nach Cepheiden im Andromedanebel. Und er wurde fündig. Wie vorher gezeigt kann man aus der Periode des Lichtwechsels der Cepheiden die Entfernung bestimmen. Hubble tat dies mit einigen Cepheiden, die offenbar zum Andromedanebel gehörten und er fand, dass sich der „Nebel" in einer Entfernung von 700 000 Lichtjahren zu uns befindet. Damit war klar: Der Andromedanebel ist eine eigenständige Galaxie, die mit der unsrigen nichts zu tun hat. Ab diesem Zeitpunkt bezeichnete man ihn als Andromedagalaxie (M 31).

Das Universum wurde also bedeutend größer: Früher dachte man, es habe die Ausdehnung der Milchstraße, der Galaxis, also um die 100 000 bis 200 000 Lichtjahre.

Nun stellte sich heraus, dass die nächste Galaxie, die Andromedagalaxie, M31, bereits 700 000 Lichtjahre entfernt ist. Übrigens ist der Wert falsch; wir wissen heute, dass M 31 etwa 2,5 Millionen Lichtjahre von uns entfernt ist. Wenn sie also heute Abend mit einem guten Fernglas oder sogar mit freiem Auge das zartleuchtende Wölkchen der Andromedagalaxie suchen, denken sie daran, dass Sie Licht sehen, das vor 2,5 Millionen Jahren zu uns gesendet wurde, also zu

E. P. Hubble bestimmte als Erster die Entfernung der Andromedagalaxie.

einer Zeit, als es die ersten Menschen auf der Erde gab.

Doch Hubbles Begeisterung für Galaxien führte ihn zu weiteren Entdeckungen. Er fand, dass es unterschiedliche Formen von Galaxien gibt. Spiralgalaxien, elliptische Galaxien, Balkenspiralen, unregelmäßige Galaxien. Die Bezeichnung bezieht sich auf deren Form. Bei den Balkenspiralen ist der Kern balkenförmig ausgebildet, bei den elliptischen ist die Form elliptisch, die irregulären haben keine spezielle Form.

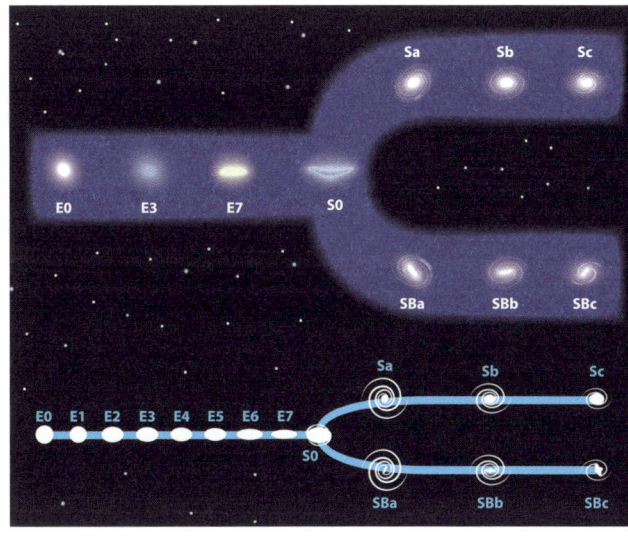

Die unterschiedlichen Formen der Galaxien.
E bedeutet elliptisch, SB Balkenspiralen ...

Als Beispiel für eine Balkenspirale ist die Galaxie NGC 1300 angeführt.

Der Balken ist etwa 3 000 Lichtjahre lang. Die Galaxie ist etwa 69 Millionen Lichtjahre von uns entfernt.

Hubble hat Spektren von Galaxien aufgenommen. Dies erfordert lange Belichtungszeiten und große Teleskope. Anhand der Verschiebung der Spektrallinien wegen des Dopplereffekts konnte Hubble dann die Geschwindigkeiten der Galaxien messen. Dabei stellte sich heraus, dass sich praktisch fast alle Galaxien von uns entfernen. Und noch seltsamer, die Geschwindigkeiten, mit der sich die Galaxien von uns entfernen, werden umso größer, je weiter weg die Galaxien von uns sind.

Das drückt das berühmte Hubble-Gesetz aus:

Die Galaxie NGC 1300. Hier ist der Kern balkenförmig ausgebildet.

$$V = R\,H$$

V ist die Geschwindigkeit, R die Entfernung und H eine Konstante, die Hubble-Konstante.

Das Licht von Galaxien, die sich von uns entfernen, ist rotverschoben, dies nennt man den Dopplereffekt.

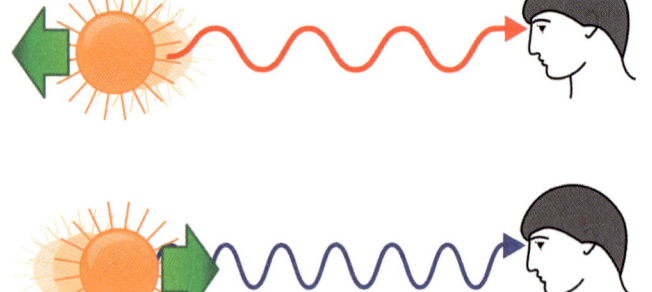

Rot- und Blauverschiebung. Entfernt sich ein Objekt von uns, werden die Wellenlängen größer, es kommt zu einer Rotverschiebung. Nähert sich eine Quelle uns, dann sind die Lichtwellen nach blau verschoben, sie werden kürzer.

Die Rotverschiebung gibt man durch folgende Formel an:

$$z = \frac{\Delta\lambda}{\lambda_0} = \frac{\lambda_b - \lambda_0}{\lambda_0} = \frac{v}{c}$$

Dabei ist λ die beobachtete Wellenlänge, λ_0 die im Ruhesystem gemessene Wellenlänge, v die Geschwindigkeit, mit der sich das Objekt von uns entfernt oder uns nähert, und c die Lichtgeschwindigkeit. Machen wir ein kleines Beispiel dazu: Nehmen wir an, wir messen die Wellenlänge der H-Alpha-Linie bei 700 nm, anstelle von 656 nm. Mit welcher Geschwindigkeit entfernt sich das Objekt von uns?

In die Formel eingesetzt:

$$v = 300\,000\,000 \; \frac{700 - 656}{656} = 20\,000\,000 \; m/s = 20\,000 \; km/s$$

Das Objekt würde sich also mit einer Geschwindigkeit von 20 000 km/s von uns weg bewegen. Die Rotverschiebung $z = v/c = 0{,}06$.

Hubble findet, dass die Rotverschiebung der Galaxien mit zunehmender Entfernung größer wird.

Die Hubble Konstante kann man durch viele Messungen bestimmen, ihr Wert liegt bei etwa *70 km/s Mpc^{-1}*.

Mpc bedeutet Megaparsec, also eine Million Parsec, ein Parsec, *pc*, entspricht 3,26 Lichtjahren.

Sind wir der Mittelpunkt des Universums?

Überlegen wir nochmals die Entdeckung Hubbles: Alle Galaxien scheinen sich von uns weg zu bewegen. Bedeutet dies also, dass wir uns doch im Mittelpunkt des Universums befinden? Einstein hat seine berühmten Feldgleichungen aufgestellt. In Worten ausgedrückt:

Geometrie der Raum-Zeit = Materieverteilung im Universum

Die Materieverteilung im Universum bestimmt also die Raum-Zeit-Krümmung. Natürlich versuchte man, diese Gleichungen zu lösen und da zeigte sich: Das Universum ist nicht statisch, es dehnt sich aus oder es kontrahiert. Eigentlich muss es auch kontrahieren, denn im Universum befindet sich Masse, und Massen ziehen einander an. Zur Zeit der Veröffentlichung der Einstein'schen Feldgleichungen wusste man noch nichts über ein nicht statisches Universum, und damit die Lösungen der Gleichungen mit den Beobachtungen übereinstimmen, hat Einstein die sogenannte *Kosmologische Konstante* eingeführt. Damit bekommt er wieder ein statisches unveränderliches Universum.

Die Beobachtungen Hubbles, dass sich die Galaxien von uns entfernen, kann man ganz einfach damit erklären, dass sich das Universum insgesamt ausdehnt, die Raum-Zeit, in der wir leben, wird größer. Dies klingt zunächst abstrakt. Aber stellen wir uns einen Luftballon vor. Wir markieren auf diesem Ballon kleine Punkte und blasen diesen Ballon auf. Dann sehen wir, dass sich alle Punkte voneinander entfernen, weil die Oberfläche, in dem Fall der gekrümmte Raum, auf dem sich die Punkte befinden, größer wird.

Wir blasen einen Ballon, auf dem Galaxien markiert sind, auf; ähnlich kann man sich die Expansion des Universums vorstellen.

Man kann also die Galaxienflucht durch eine Expansion des Universums erklären. Egal, auf welcher Galaxie wir zu Hause sind, wir werden immer messen, dass sich die anderen von uns entfernen. Es gibt also keine ausgezeichneten Punkte im Universum, alle Punkte sind gleichwertig.

Wenn sich die Raum-Zeit, also das Universum, ausdehnt, dann kann man auch einfach ermitteln, wann diese Ausdehnung begonnen haben muss. Die Situation ist ungefähr dieselbe, als wenn jemand mit dem Auto fährt, die Geschwindigkeit kennt, sowie die zurückgelegte Wegstrecke, dann kann man ermitteln, wann man mit dem Auto losgefahren ist.

Aus dem Hubble Gesetz $V = RH$ können wir das Alter des Universums bestimmen. Die Geschwindigkeit v ist gegeben in km/s, die Entfernung R in Mpc, dann entspricht 1/H von der Dimension her einer Zeit. Diese Zeit ist gleich dem Alter des Universums.

Kennen wir also die Hubble-Konstante, wissen wir, wie alt das Universum ist bzw. wann die Expansion begonnen haben muss, also wieviel Zeit nach dem Urknall verstrichen sein muss.

Wir leben in einem sich ausdehnenden Universum, in dem es keinen Mittelpunkt gibt. Die Expansion hat vor etwa 13,7 Milliarden Jahren begonnen. Dies wird als „Urknall", Big Bang, bezeichnet.

Wenn sich das Universum also ausdehnt, ist es nicht mehr statisch und man kann daher die von Einstein eingeführte kosmologische Konstante weglassen. Einstein selbst hat sich später geärgert, jemals eine solche Konstante benutzt zu haben. Aus den Einstein'schen Gleichungen folgt also, dass das Universum expandiert, und diese Expansion hat mit dem Urknall vor 13,7 Milliarden Jahren begonnen.

Die Expansion des Universums. Die Raum-Zeit wird immer größer, alle Galaxien entfernen sich voneinander.

Licht vom Rand der Welt …

Das vorige Kapitel behandelte die Entdeckungen Hubbles:

> Das Universum besteht aus vielen Galaxien, unsere Milchstraße,
> die Galaxis, ist nur eine davon.
> Das Universum dehnt sich aus, die Geschwindigkeit, mit der sich
> die Galaxien von uns weg bewegen, nimmt mit deren Entfernung zu.
> Bereits in den Gleichungen von Einstein zeigte sich, dass das Universum
> nicht statisch sein kann.

Die Expansion des Universums ist also ein erster Hinweis auf die Richtigkeit der Urknalltheorie: vor etwa 13,7 Milliarden Jahren muss das Universum winzig gewesen sein, und seit damals hat es sich ausgedehnt.

Übrigens taucht immer wieder die Frage auf, wohin sich das Universum eigentlich ausdehnt. Im Rahmen der Physik können wir diese Frage nur so beantworten: Die Materie im Universum bestimmt Raum-Zeit. Die Frage zu stellen, wohin sich das Universum ausdehnt, oder was sich außerhalb des Universums befindet, ist somit physikalisch sinnlos beziehungsweise nicht beantwortbar.

Die Urknalltheorie wurde zunächst etwas verächtlich „Big Bang" genannt. Viele Astrophysiker hielten sie für eine reine Hypothese und waren damit gar nicht zufrieden. Aber es gibt neben der Expansion des Universums noch weitere Beweise für die Richtigkeit der Urknalltheorie.

Machen wir wieder ein Gedankenexperiment: Wahrscheinlich haben viele von den Leserinnen und Lesern schon mal einen Fahrradreifen aufgepumpt. Falls nicht, greifen Sie an die Rückseite Ihres Kühlschranks. Was bemerken Sie? Durch das Aufpumpen wird die Luftpumpe heiß, die hintere Außenwand eines Kühlschranks, bei den Kühlrippen, ist ebenfalls warm. Beiden Prozessen ist das physikalische Prinzip der *adiabatischen Expansion* oder *Kompression* gemeinsam. Bei der Luftpumpe komprimieren wir die Luft, um sie durch das Ventil in den Schlauch zu pressen. Das Volumen der Luft wird kleiner, gleichzeitig wird sie wärmer. Beim Kühlschrank wird ebenfalls das Kühlmittel verdichtet, es gibt die Wärme hinten bei den Kühlrippen ab und anschließend expandiert das Kühlmittel im Inneren des Kühlschrankes in Schlangen. Bei der Expansion kühlt es ab und so bleibt es im Kühlschrank kalt.

Genauso war es mit dem Universum. Wenn wir in der Zeit zurückgehen, war das Universum kleiner. Je kleiner es war, desto heißer muss es gewesen sein (adiabatische Kompression). In der Frühzeit des Universums, beim Urknall, gab es also Phasen, wo es mehrere 1 000, ja sogar Millionen, Milliarden, Billionen Grad heiß war. Nun wissen wir aber, dass heiße Körper leuchten beziehungsweise abstrahlen. Denken wir nur an die eingeschaltete Kochplatte. Das heiße Universum musste also

Mit dieser sogenannten Horn-Antenne wurde durch einen Zufall die kosmische Hintergrundstrahlung entdeckt.

Strahlung aussenden. Doch wo ist diese Strahlung? Da sich das Universum ausdehnte, wurde es immer kühler, die Wellenlänge von kühler Strahlung ist länger als die von heißer. Wir erinnern uns: Heiße Sterne leuchten weiß bis blau (kurze Wellenlänge), kühle Sterne leuchten rot (lange Wellenlänge). Die Wellenlänge der Strahlung des heißen Universums musste sich also infolge der Expansion des Universums extrem nach rot und dann noch weiter nach Infrarot bis in den Mikrowellenbereich verschieben. Man kann daher erwarten, im Mikrowellenbereich eine Strahlung zu messen aus der Richtung, in der der Urknall stattgefunden hat. Aber der Urknall hat überall stattgefunden, das Universum hat sich ja aus diesem Punkt heraus ausgedehnt. Daher müsste diese Strahlung von allen Himmelsrichtungen zu uns gelangen.

Im Jahr 1964 wollten die beiden Physiker Arno Penzias und Robert W. Wilson Messungen der Radiostrahlung machen, die von Satelliten reflektiert werden. Da die erwarteten Signale schwach waren, baute man eine besonders empfindliche Antenne. Trotzdem war man von den ersten Messungen sehr enttäuscht. Man fand ein unerwartet hohes Rauschen, das aus allen Himmelsrichtungen empfangen wurde. Nachdem alle möglichen Fehlerquellen ausgeschaltet waren, wurde klar, worum es sich bei diesem Rauschen wirklich handelt: Es ist der Überrest jener Strahlung aus der Zeit kurz nach dem heißen Urknall, als das Universum etwa 400 000 Jahre alt war. Diese Strahlung entsprach der eines Körpers mit einer Temperatur von 2,7 Grad über dem absoluten Nullpunkt (-273,2 Grad Celsius). Deshalb wird diese Strahlung auch als 2,7-K-Hintergrundstrahlung bezeichnet.
Inzwischen hat man eine Karte des Himmels angefertigt, die die Stärke dieser Strahlung anzeigt (abrufbar: map.gsfc.nasa.gov/media/121238/ilc_9yr_moll4096.png). Es gab mehrere Satellitenmissionen dafür, etwa COBE, WMAP, PLANCK. Der Temperaturunterschied zwischen dem dunkelsten Blau und dem hellstem Rot beträgt etwa 400 Millionstel Grad! Die Hintergrundstrahlung ist ein weiterer Beweis für die Theorie eines heißen Urknalls.

Die Entstehung der Elemente

Unter einem chemischen Element versteht man einen Stoff, der mittels chemischer Mittel (Erhitzung, Verdampfung …) nicht mehr in weitere Elemente zerlegt werden kann. Die Elemente sind also die Grundstoffe für eine chemische Reaktion. So entsteht aus zwei Teilen Wasserstoff und einem Teil Sauerstoff die Verbindung Wasser. Wasser hat ganz andere Eigenschaften als die beiden Ausgangsstoffe, es ist flüssig. Sowohl Wasserstoff als auch Sauerstoff sind Gase.

Die kleinste Einheit eines chemischen Elements ist das Atom. Verbindungen von Atomen nennt man Moleküle. Ein Wassermolekül ist also die kleinste Einheit des Wassers.

Die Bildung eines Wassermoleküls lässt sich wie folgt darstellen:

$$2H + O \rightarrow H_2O$$

Es dauerte lange, ehe sich diese Vorstellung vom Aufbau aller Stoffe aus Elementen durchsetzte. Von der Antike bis zum Mittelalter dachte man, es gäbe nur vier Grundelemente: Erde, Feuer, Luft und Wasser.
Doch woher stammen die inzwischen mehr als 100 bekannten Elemente? Um dies zu verstehen, sehen wir uns einmal genauer an, woraus Sterne bestehen. Unsere Sonne sowie praktisch alle Sterne bestehen zu etwa ¾ aus Wasserstoff und etwa ¼ aus Helium. Diese beiden Gase machen praktisch die gesamte Materie im Universum aus. Die für uns so wichtigen Elemente wie Kohlenstoff, Sauerstoff, Eisen … kommen nur in extrem geringen Mengen vor. Dies verstehen wir, wenn wir uns nochmals den Vergleich der Massen unserer Erde und der Sonne in Erinnerung rufen. Die Erde besteht aus Gesteinen an der Oberfläche und Eisen und Nickel im Erdkern, doch im Vergleich zur Masse der Sonne macht die Erdmasse nur etwa 1/300 000 aus.

> Vereinfacht könnten wir also sagen, das Universum besteht
> zu 75 Prozent aus Wasserstoff und 25 Prozent aus Helium.

Wasserstoff ist das einfachste Element im Universum. Im Kern enthält ein Wasserstoffatom ein Proton und dieses wird von einem Elektron umkreist. Bei hohen Temperaturen verliert das Wasserstoffatom sein Elektron, die Elektronen sind dann nicht mehr an die Atome gebunden. Dies hat weitreichende Konsequenzen für das frühe Universum. Das Universum war anfangs extrem heiß, sodass es keine neutralen Wasserstoffatome gab, sondern nur Protonen und Elektronen. Neben Materie gab es auch Strahlung und die Strahlung können wir durch Lichtteilchen,

Photonen, beschreiben. Diese Photonen konnten sich aber nicht ausbreiten, sie wurden immer wieder an den freien Elektronen gestreut. Betrachten wir einen Novembertag mit Nebel. Nebel besteht aus kleinsten Wassertröpfchen, aber wenn diese dicht genug sind, sehen wir nicht, was sich hinter dem Nebel verbirgt. Die freien Elektronen waren daher wie Wassertröpfchen, das frühe Universum war undurchsichtig. Aber das Universum dehnte sich aus. Es wurde kühler, und als die Temperatur unter einige 1 000 Grad sank, vereinigten sich die freien Elektronen mit den Protonen und bildeten neutrale Wasserstoffatome. Dies geschah, als das Universum etwa 400 000 Jahre alt war. Ab diesem Zeitpunkt ist das Universum daher durchsichtig. Und genau so weit kann man die Strahlung messen. Die Bilder des COBE-Satelliten und andere zeigen das Universum, als es etwa 400 000 Jahre alt war.

Doch zurück zur Frage, woher die Elemente stammen. Als das Universum heiß und dicht genug war, kam es zu einer Fusion der Protonen zu Heliumkernen. Ein Heliumkern besteht aus zwei Protonen und zwei Neutronen. Neutronen entstehen, wenn sich ein Elektron mit einem Proton vereinigt. Innerhalb der ersten drei Minuten nach dem Urknall war das Universum heiß und dicht genug, damit sich etwa ¼ aller Protonen zu Heliumkernen vereinigen konnten. Somit können wir leicht verstehen, weshalb das Universum so aufgebaut ist, wie wir es heute beobachten: ¾ Wasserstoff, ¼ Helium. Es konnte sich nicht mehr Helium bilden, und klarerweise schon gar nicht schwerere Elemente, weil das Universum schnell abkühlte und nur für die ersten drei Minuten seiner Existenz die Bedingungen für die sogenannte *primordiale Kernfusion* bot.
Die primordiale Kernfusion, die zur Zusammensetzung des Universums führte, ist ein weiterer Beweis für die Richtigkeit der Urknalltheorie.

Am Ende ihrer Entwicklung explodieren Sterne oder stoßen
Gaswolken ab, die mit schwereren Elementen angereichert sind.

Wir sind Sternenstaub

Alle Elemente, die schwerer als Helium sind, entstanden dann im Inneren der Sterne. Heliumkerne verschmolzen zu Kohlenstoffkernen, aus Helium und Kohlenstoff bildete sich Sauerstoff und so weiter. Nur im Inneren der Sterne ist es heiß genug, damit solche Fusionsprozesse stattfinden können, einige benötigen Temperaturen von mehreren Milliarden Grad. Unsere Sonne leuchtet, weil im Inneren Wasserstoff zu Helium fusioniert wird. Dabei wird Energie frei. Durch diese Fusionsreaktionen im Inneren der Sterne können wir alle Elemente bis zum Eisen erklären. Alle Elemente, die schwerer sind als Eisen, entstanden bei der Explosion von massereichen Sternen am Ende ihrer Entwicklung. Dabei werden schwerere Elemente in den interstellaren Raum abgestoßen. Aus diesem Material können sich dann wieder Sterne entwickeln. Diese haben dann einen leicht erhöhten Anteil an Elementen, die schwerer als Helium sind. In der Astrophysik bezeichnet man alle Elemente, die schwerer als Helium sind, als Metalle. Die Sterne der ersten Generation enthielten anfangs nur Wasserstoff und Helium, Sterne späterer Generationen wurden metallreicher (aber immer noch deutlich unter 1%).

So konnten sich Planeten erst im Universum bilden, als es die chemischen Elemente dafür gab, also genügend Metalle vorhanden waren.

Da unser Körper Atome enthält, die schwerer als Helium sind, kann man sagen: Wir bestehen aus Sternenasche oder Sternenstaub.

Der Ringnebel M 57 ist durch eine abgestoßene Gashülle eines Sternes entstanden, der etwa Sonnenmasse besitzt und im Zentrum des Nebels als Weißer Zwerg leuchtet. Weiße Zwerge besitzen etwa die Größe der Erde. Sterne, die eine Masse besitzen, die größer als 1,4 Sonnenmassen ist, explodieren zu einer Supernova. Übrig bleibt dann ein winziger Neutronenstern (einige 10 km im Durchmesser) oder gar ein schwarzes Loch, wenn die Gravitation so stark ist, dass keine Strahlung mehr entweichen kann.

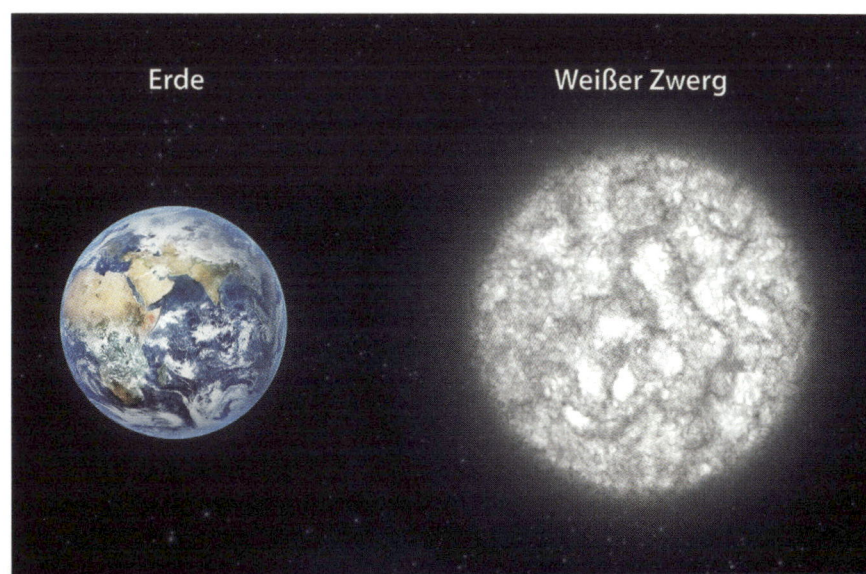

Größenvergleich
Erde – Weißer Zwerg.

Der Urknall im Labor?

Noch einmal zusammengefasst:

Der Urknall ereignete sich vor etwa 13,7 Milliarden Jahren.

Das Universum war extrem klein und dehnt sich seither aus.

Das Universum war extrem heiß.

Beweise für den Urknall sind die Expansion des Universums, die kosmische Hintergrundstrahlung sowie die primordiale Kernfusion.

In den modernen Hochbeschleunigern wie beispielsweise am CERN kann man Teilchen auf extrem hohe Energien bringen. Da Energie gleich Masse ist, wie Einstein in seiner berühmtesten Formel $E = mc^2$ gezeigt hatte (c ist die Lichtgeschwindigkeit) kann man die Verhältnisse, wie sie beim Urknall waren, in gewisser Weise nachvollziehen. Allerdings sind die heute erzielbaren Energien in den Beschleunigern im Bereich von maximal einigen 100 GeV bis etwa 10 TeV (Gigaelektronenvolt, 1 GeV=1 000 000 000 eV, 1 TeV=Teraelektronenvolt= 1 000 000 000 000 eV; 1 eV=1,6 10^{-19} J).

Der Large Hadron Collider (LHC) am CERN, dem europäischen Kernforschungslabor nahe Genf, wurde von über 10 000 Wissenschaftlern aus 100 Staaten gebaut. Er besteht im Wesentlichen aus einem über 26 Kilometer langen ringförmigen Tunnel, in dem Protonen oder Bleikerne auf Geschwindigkeiten nahe der Lichtgeschwindigkeit gebracht werden und anschließend kollidieren.

Hauptgebäude des CERN.

Finanziert wird CERN von mehreren Europäischen Ländern, Deutschland bezahlt beispielsweise jährlich etwa 200 Millionen Euro, Österreich etwa 20 Millionen. Darüber hinaus gibt es Kooperationen mit mehr als 40 weiteren Staaten. Labors dieser Größenordnung können natürlich nicht mehr von einem einzelnen Staat finanziert und aufrechterhalten werden.

Bei hohen Energien entstehen schwere Elementarteilchen. Ziel solcher Labors ist es, das Standardmodell der Physik zu überprüfen beziehungsweise eventuell zu erweitern und neue Elementarteilchen zu entdecken. Die aufregendste Entdeckung bei CERN in letzter Zeit war die Entdeckung des *Higgs Bosons*, doch mehr dazu später.

Inwieweit kann man an solchen Labors die Verhältnisse beim Urknall simulieren? Mit dem Large Hadron Collider kommt man auf Verhältnisse, wie sie zum Zeitpunkt 10^{-10} Sekunden nach dem Zeitpunkt Null geherrscht hatten. Die Materie zu dieser Zeit bestand nicht aus Atomen oder aus Protonen und Elektronen und Neutronen, sondern man hatte es mit einem sogenannten *Quark-Gluonen-Plasma* zu tun.

Quarks und das Standardmodell der Teilchenphysik

In der Atomtheorie hieß es: Alle Materie besteht aus kleinsten Teilchen, den Atomen. Diese wiederum bestehen aus den positiv geladenen Protonen, den neutralen Neutronen im Kern und werden umkreist von negativ geladenen Elektronen. Die Protonen werden durch die starke Kraft im Kern zusammengehalten, die Elektronen kreisen im Sinne der Quantenphysik, gehalten durch die elektromagnetische Anziehung um den Kern.

Aber es stellte sich heraus, dass die Protonen und Neutronen aus noch kleineren Teilchen bestehen, den Quarks. Von den Quarks gibt es sechs Arten, die sich hinsichtlich ihrer Masse oder Energie unterscheiden: u (up) , d (down), c (charm), s (strange), b (bottom) und t (top). Diese Bezeichnungen sind rein willkürlich gewählt, um die Quarks voneinander zu unterscheiden. Ein Proton besteht aus drei Quarks:

u u d

Dabei sind die u-Quarks $+2/3\,e$ (e ist die Elementarladung, die Ladung eines Elektrons) geladen, die d-Quarks $-1/3\,e$. Somit bekommen wir für die Ladung eines Protons: $+2/3+2/3-1/3=1$

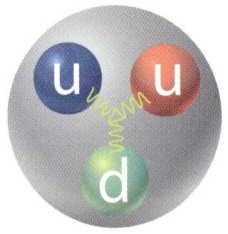

So stellt man sich ein Proton vor: 3 Quarks, u, u, d mit drei unterschiedlichen Farbladungen, blau, rot und grün. Zwischen den Quarks wirken die Gluonen.

Der Aufbau eines Neutrons; 3 Quarks, u, d, d mit den drei Farbladungen.

Zu allem Überfluss kommt noch eine weitere Eigenschaft der Quarks hinzu, sie besitzen eine weitere Art von Ladung, diese nennt man Farbladung. Die Quarks werden durch Gluonen (von englisch *glue*) zusammengehalten.

Ein Neutron besteht aus udd-Quarks: -1/3-1/3+2/3 ergibt Ladung 0, Neutronen sind also neutral.

Das seltsame ist, dass diese Quarks nie isoliert, also einzeln vorkommen, sondern immer gebunden sind, man nennt dies auch *confinement*. Nur als das Universum extrem heiß und dicht war, gab es die Quarks einzeln, und diesen Zustand bezeichnet man als Quark-Gluonen-Plasma. Wie schon erwähnt, kann man das Quark-Gluonen-Plasma in Beschleunigerlabors wie dem CERN simulieren.

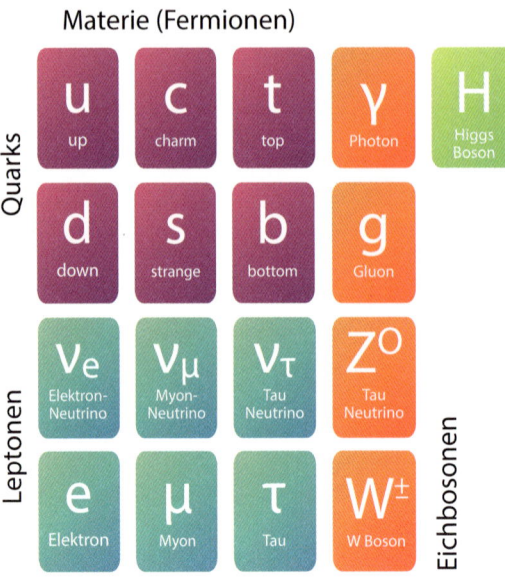

Das Standardmodell der Teilchenphysik gibt nun alle Elementarteilchen an, sowie die Teilchen, die die Wechselwirkung (also die Kräfte) zwischen ihnen übertragen.

In der modernen Physik stellt man sich Kräfte als Teilchen vor, die zwischen den Partnern ausgetauscht werden. Ähnlich zwei Personen, die einander mit Schneebällen bewerfen. Die elektromagnetische Wechselwirkung wird

Das Standardmodell der Teilchenphysik.

durch Photonen übertragen, die starke Kraft, welche Atomkerne zusammenhält, durch Gluonen, die schwache Kraft, die beim radioaktiven Zerfall wichtig ist, durch die sogenannten W- und Z-Teilchen und die Gravitation durch das Graviton. Das Graviton-Austauschteilchen wurde aber bisher noch nicht gefunden.

Das Standardmodell der Teilchenphysik zeigt uns: Die Materie besteht aus Quarks und Leptonen (leichte Teilchen). Quarks und Leptonen sind Elementarteilchen, also nicht weiter in kleinere teilbar. Die Kräfte oder Wechselwirkungen zwischen den Teilchen werden durch Bosonen vermittelt, also Photon, Gluon, W- und Z-Boson. Das Higgs-Boson verleiht den Teilchen ihre Masse. Was wir sofort sehen, ist, dass die Gravitation hier fehlt, das Graviton kommt nirgendwo vor. Dies ist ein zentrales Problem der modernen Physik, die Gravitation passt nicht wirklich ins das Standard-modell. Die Gravitation verträgt sich auch nicht direkt mit der Quantenphysik.

Von den Quarks zu den Galaxien

Die Entwicklung des Universums während des Urknalls und einige Millionen Jahre danach lässt sich grob wie folgt beschreiben.

Unsere Physik liefert Aussagen bis zur sogenannten Planck-Zeit, das ist 10^{-43} Sekunden nach dem Zeitpunkt Null. Man könnte auch sagen, die Planck-Zeit ist das kleinstmögliche Zeitintervall, für das die bekannten Gesetze der Physik gültig sind.

Man kann die Planck-Zeit aus der Formel errechnen:

$$t_p = \sqrt{\frac{\hbar G}{c^5}}$$

Dabei ist c die Lichtgeschwindigkeit, $\hbar = h/2\pi$ mit $h = 6{,}626\ 10^{-32}Js$ das Planck'sche Wirkungsquantum, und $G = 6{,}67\ 10^{-11}$ die Gravitationskonstante.

Es gibt auch die kleinste Länge, die Planck-Länge $= 1{,}6\ 10^{-35}$ m sowie die Planck-Temperatur $= 1{,}4\ 10^{32}$ K.

Bei diesen Größen versagt unsere bisherige Physik.

Die Planck-Ära bezeichnet die winzige Zeitspanne zwischen dem Zeitpunkt Null und 10^{-43} Sekunden. Als das Universum 10^{-43} Sekunden alt war, betrug seine Temperatur $1{,}4\ 10^{32}$ K, die Planck-Temperatur.

Das Universum war also 100 000 000 000 000 000 000 000 000 000 000 Grad heiß! Doch was genau geschah in der Planck-Ära? Hier gibt es bis heute keine endgültigen Theorie, aber zwei heiße Kandidaten zur Erklärung:

Die *M-Theorie* (Stringtheorien) und die *Schleifengravitation*. Beide Theorien werden noch kurz zu Wort kommen. Bis zur Planck-Zeit gab es nur eine fundamentale Kraft, aus der die anderen Kräfte später durch Symmetriebrechung hervorgegangen sind.

In der darauf folgenden GUT-Ära spaltete sich die Urkraft in die Gravitation und in GUT ab. GUT steht für *Grand Unified Theories*, große Vereinheitlichung. In den GUTs vereinigen sich die drei Kräfte Elektromagnetismus, schwache und starke Kraft zu einer einzigen. Experimente in Teilchenbeschleunigern deuten darauf hin, dass bei Energien oberhalb 10^{16} GeV diese drei Kräfte nicht mehr voneinander unterscheidbar sind. Deshalb spricht man von der GUT-Kraft. Diese GUT-Kraft spaltet sich durch Symmetriebrechung in die anderen drei Kräfte auf.

In der inflationären Phase, die zur GUT-Ära gerechnet wird, hat sich das Universum während des Zeitraumes von 10^{-35} bis 10^{-32} Sekunden extrem ausgedehnt. Anfangs hatte es nur den Durchmesser eines Protons, am Ende der Inflation hatte das Universum den Durchmesser eines Tennisballs. Man stelle sich vor, das heute beobachtbare Universum mit den vielen Milliarden Galaxien, wobei jede Galaxie mehrere hundert Milliarden Sterne enthält, war 10^{-32} Sekunden nach dem Zeitpunkt Null so groß wie ein Tennisball! Diese Ausdehnung erfolgte mit einer Geschwindigkeit, die höher als die Lichtgeschwindigkeit ist. Das ist aber kein Widerspruch zur Relativitätstheorie. Diese verbietet nur Geschwindigkeit, die größer als die Lichtgeschwindigkeit ist, innerhalb eines Raumes, aber sie verbietet nicht, dass sich der Raum mit Überlichtgeschwindigkeit ausdehnt.

Am Ende der Inflation kommt es zur Brechung der GUT-Symmetrie, die elektroschwache Wechselwirkung koppelt sich ab. Danach ist das Universum mit seiner Entwicklung relativ gut verstanden. Am Ende der Inflation, also etwa 10^{-30} Sekunden nach Null, betrug die Temperatur im Universum nur mehr etwa 10^{25} K. Nun beginnt die Quark-Ära. Die Quarks und Antiquarks konnten aber infolge der hohen Energien noch keine Protonen oder Neutronen bilden.

Nach 10^{-6} Sekunden gab es keine freien Quarks mehr. Die Temperatur betrug etwa 10^{13} K, die Quarks vereinigten sich zu Hadronen (Protonen, Neutronen). Es bildeten sich auch deren Antiteilchen und man weiß aus der Physik, dass sich Teilchen und Antiteilchen vernichten. Ein Antiproton hat genau dieselbe Masse wie das Proton, aber die negative Ladung. Trifft es auf ein normales Proton, vernichten sie sich beide und ein Gammastrahlungsblitz entsteht.

Bei hoher Energie entstehen immer sogenannte Teilchen/Antiteilchenpaare, die sich wieder vernichten. Durch einen winzigen Überschuss an Materie war es möglich, dass sich nicht alles vernichtete und so entstand unser Universum.

Die Protonen wandelten sich ständig in Neutronen um und umgekehrt, dabei wurden auch die leichten Neutrinos frei. Das sind Teilchen, die eine sehr geringe Ruhemasse besitzen und praktisch durch Materie hindurchgehen, als ob diese nicht vorhanden wäre. Neutrinos werden auch im Inneren der Sonne bei der Kernfusion erzeugt. Diese Neutrinos wandern mit fast Lichtgeschwindigkeit vom Ort ihrer Entstehung nahe dem Sonnenzentrum an die Sonnenoberfläche und verlassen diese. Einige wenige können mit speziellen Detektoren auf der Erde empfangen werden. Die meisten Neutrinos durchdringen die Erde, als ob es sie gar nicht gäbe. Die Wechselwirkung der Neutrinos mit Materie ist extrem gering. Unser Körper wird pro Sekunden von Trillionen von Neutrinos von der Sonne durchdrungen, ohne dass wir etwas davon bemerken.

Doch zurück zum Urknall beziehungsweise knapp danach. Das Universum dehnte sich aus, es kühlte ab. Als die Temperatur nur mehr 10 Milliarden Grad betrug, hörte die ständige Umwandlung der Protonen in Neutronen und umgekehrt auf. Protonen und Neutronen stabilisierten sich. Dies geschah, als das Universum eine Sekunde alt war. Nach 10 Sekunden fiel die Temperatur unter eine Milliarde Grad und es kam zur primordialen Kernfusion, die schon besprochen wurde.
Die nächste Ära ist dann die Rekombination. Als das Universum etwa 400 000 Jahre alt war, betrug die Temperatur nur mehr einige 1 000 Grad und die Strahlung entkoppelte sich, das Universum wurde durchsichtig.
In dem heißen Plasma kam es zu Druckwellen, vergleichbar mit Schallwellen. Untersucht man die Temperaturverteilung des Mikrowellenhintergrundes, kann man dieses Muster der Schwingungen erkennen.

Die ersten Sterne entstanden nach etwa 400 Millionen Jahren. Etwas später dann die Galaxien, und als es genug schwerere Elemente gab, Planeten.

Dunkle Materie, dunkle Energie

Die Geschichte des Universums ist aber noch nicht zu Ende. Stellen wir uns das Sonnensystem vor. Die Planeten kreisen um die Sonne, es herrscht ein Gleichgewicht zwischen der Anziehung durch die Sonne und der Fliehkraft aufgrund der Planetenbewegungen um die Sonne. Die Anziehung oder Gravitation eines Planeten durch die Sonne hängt von dessen Entfernung zur Sonne ab. Je weiter der Planet von der Sonne entfernt ist, desto geringer wird die Anziehung und deshalb bewegen sich Planeten, die weiter von der Sonne entfernt sind, langsamer um diese als Planeten die näher bei der Sonne stehen. Die Erde benötigt für einen Umlauf um die Sonne 1 Jahr, der fünfmal weiter entfernte Jupiter jedoch etwa 12 Jahre. Betrachten wir nun eine Galaxie. Die Sterne bewegen sich um das Zentrum einer Galaxie. Unsere Sonne ist etwa 27 000 Lichtjahre vom Zentrum der Milchstraße entfernt und benötigt für einen Umlauf etwa 220 Millionen Jahre. Wir würden

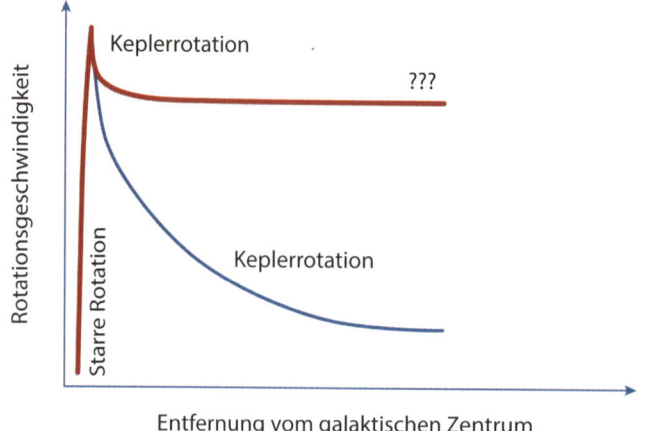

Galaktische Rotations-
kurve. Blau: Man würde
erwarten, je weiter weg
ein Stern vom Zentrum,
desto geringer seine
Geschwindigkeit (Kepler-
rotation). Die Rote Kurve
ist die bei vielen Gala-
xien gemessene Kurve.

natürlich erwarten, dass sich Sterne, die weiter entfernt vom galaktischen Zentrum
sind als die Sonne langsamer um dieses bewegen. Messen wir die Geschwindigkeit
der Sterne um das Zentrum einer Galaxie als Funktion deren Abstandes, dann erhalten wir die *galaktische Rotationskurve.*

Die blaue Kurve in der Abbildung zeigt die erwartete Keplerrotation. Sterne nahe
dem galaktischen Zentrum bewegen sich schneller um dieses, als Sterne, die weiter
entfernt sind. Tatsächlich misst man jedoch die rote Kurve für die meisten Galaxien. Das Rotationsverhalten der Sterne und anderer Objekte in einer Galaxie lässt
sich also unterteilen in:

Starre Rotation: Nahe dem Zentrum einer Galaxie bewegen sich die Objekte
wie ein starrer Körper um dieses; je weiter weg vom Zentrum desto schneller
bewegen sie sich um dieses. Dies lässt sich durch die hohe Sterndichte nahe
dem galaktischen Zentrum erklären.

Keplerrotation: Ein kleiner Bereich zeigt das Rotationsverhalten, wie wir es
erwarten.

Weiter weg vom galaktischen Zentrum rotieren die Objekte zu schnell. Es
muss also eine Kraft geben, die veranlasst, dass sich die Objekte schneller
bewegen.

Sterne weiter weg vom galaktischen Zentrum bewegen sich zu schnell um dieses.
Eine zusätzliche Kraft könnte durch Massen kommen, die wir aber nicht sehen.
Deshalb hat man diese Art der Materie auch als *Dunkle Materie* bezeichnet.

Einen weiteren Hinweis auf dunkle Materie findet man in den Gravitationslinsen. Wir
haben schon besprochen, dass Massen die Raum-Zeit krümmen, das war der erste
Test für die Richtigkeit der allgemeinen Relativitätstheorie. Man stelle sich nun eine
riesige Massenansammlung vor, etwa einen Galaxienhaufen, wo mehrere Galaxien

gravitativ aneinander gebunden sind (man erinnere sich, jede Galaxie enthält etwa 100 Milliarden Sterne). Ein solcher Haufen krümmt die Raum-Zeit und deshalb wird das Licht einer hinter diesem Haufen gelegenen Galaxie verzerrt, es wirkt also wie eine riesige Linse. Manchmal beobachtet man sogar mehrere Bilder eines Objektes, das weit hinter einem Galaxienhaufen liegt. Solche Objekte können z. B. extrem hell leuchtende Kerne von Galaxien sein, die man als *Quasare* bezeichnet. Quasar bedeutet *quasi stellar*. Ein Quasar erscheint dem Beobachter wie ein Stern, aber auf Langzeitbelichtungen erkennt man, dass es sich um den Kern einer Galaxie handelt. Quasare sind meist extrem weit von uns entfernt, mehrere Milliarden Lichtjahre.

Beim Einsteinkreuz erkennt man in der Mitte eine schwach leuchtende Galaxie, die den Raum so verzerrt, dass das Licht eines dahinter befindlichen Quasars in vier Abbildungen zerlegt und verstärkt wird. Die Galaxie ist etwa 400 Millionen Lichtjahre von uns entfernt, der Quasar hingegen 8 Milliarden Lichtjahre.

Nun wird man sich vielleicht fragen, was die dunkle Materie ist. Nun, eine Eigenschaft kennen wir: Sie wirkt gravitativ, also unterliegt sie der Schwerkraftwirkung. Andererseits ist sie dunkel, das bedeutet, sie sendet keinerlei Strahlung aus, ist also nicht direkt beobachtbar. Man hat viele Erklärungen der dunklen Materie vorgeschlagen: große Ansammlungen von schwarzen Löchern, viele Planeten, die frei herumschwirren und nicht an Sterne gebunden sind oder bisher noch nicht entdeckte Teilchen. Das Problem ist, dass die Dunkle Materie etwa das fünf- bis sechsfache der sichtbaren Materie ausmacht. Deshalb scheiden die klassischen astrophysikalischen Erklärungen wie eine große Ansammlung von schwarzen Löchern oder viele sogenannte *free floating planets* aus. Physiker vermuten, dass es eine sogenannte *Supersymmetrie* gibt, abgekürzt SUSY. Diese Supersymmetrie würde weitere Teilchen erklären, die sehr schwer sind und eben deshalb noch nicht in Teilchenbeschleunigern gefunden wurden. Die Teilchen haben einen *Spin*. Den Spin kann man sich als eine Art Rotation

Das sogenannte Einsteinkreuz.

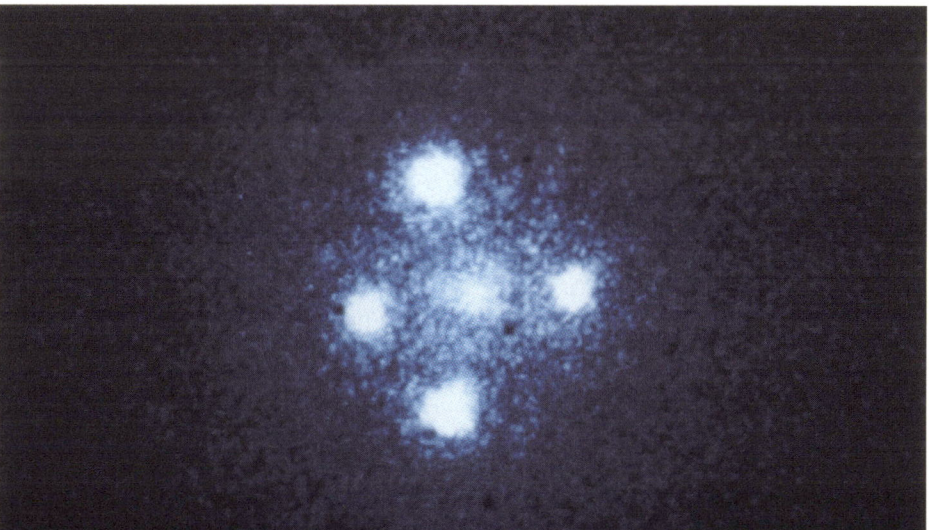

vorstellen. Es gibt *Bosonen*, das sind Teilchen mit ganzzahligem Spin, diese Teilchen vermitteln auch die Wechselwirkungen (Kräfte) und *Fermionen*, das sind Teilchen mit halbzahligem Spin. Die Supersymmetrie sagt nun voraus, dass es für alle Fermionen ein supersymmetrisches Boson und für alle Bosonen ein supersymmetrisches Fermion gibt. Die Teilchen werden Energien haben zwischen 100 und 1 000 GeV. Wir haben bereits über die vier Wechselwirkungen (Kräfte) gesprochen:

Starke Kraft

Schwache Kraft

Elektromagnetische Kraft

Gravitation

Die Gravitation ist die schwächste der Kräfte, dennoch dominiert sie das Universum. Die Form der Erde, der Planeten, der Sterne, der Galaxien, das Gewicht der Leser dieses Buches, all das wird durch die Gravitation bestimmt, die etwa 10 000 000 000 000 000 000 000 000 000 000 000 000 000 mal schwächer ist als die starke Kraft!

Die Theorie der Supersymmetrie zeigt, dass sich die Koppelungskonstanten dieser vier Kräfte auf einen bestimmten Wert zubewegen, wenn die Energie groß genug ist.

Überlegen wir nochmals kurz, wann es im Universum eine extrem hohe Energiedichte gab. Kurz nach dem Zeitpunkt Null, deshalb waren, als das Universum jünger als etwa 10^{-30} Sekunden war, alle Kräfte zu einer Superkraft vereinheitlicht.

Die Gravitation soll durch das Graviton übertragen werden, es müsste dann auch eine Supergravitation geben, die durch das supersymmetrische Gravitino übertragen wird. Das Graviton ist ein Spin-2-Teilchen, also ein Boson (ganzzahliger Spin), das Gravitino ein Spin-3/2–Teilchen, also das dazugehörige supersymmetrische Fermion. Aber es kommt noch schlimmer. Denken wir uns den Urknall als eine Explosion. Das Universum expandiert seit diesem Zeitpunkt, doch wie genau ist diese Expansion verlaufen? Wir haben schon von der inflationären Phase gesprochen, als sich das Universum extrem schnell ausdehnte. Aber ist seit dieser Phase die Expansion gleichmäßig verlaufen?

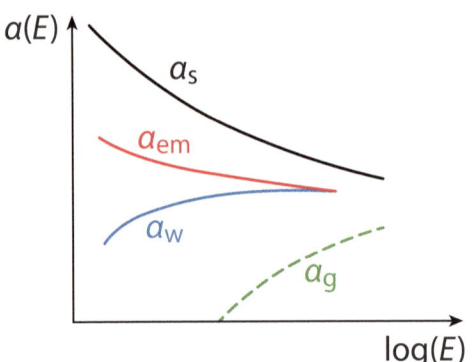

Die Koppelungskonstanten α der vier Grundkräfte (s steht für starke Kraft, em für elektromagnetische Kraft, w (weak) für schwache Kraft und g für Gravitation. Nach links nimmt die Energie zu, man sieht, dass sich diese vier Kurven asymptotisch nähern.

Die Antwort ist nein, das Universum scheint sich heute schneller auszudehnen als vor mehreren Milliarden Jahren. Das würde man sicher nicht erwarten, eher vielleicht eine Abbremsung infolge der Gravitation. Denken Sie an das Autofahren. Wenn Sie beschleunigen, müssen Sie das Gaspedal drücken, also Energie zuführen, genauso ist es beim Universum. Beschleunigte Expansion erfordert Energie und diese Energie nennen wir dunkle Energie. Doch woher kommt diese Energie? Die Antwort ist im Prinzip einfach, im Detail jedoch schwierig. Sie kommt aus dem Nichts.

Sie haben richtig gelesen. Teilchen können aus dem Nichts entstehen. Wir haben schon über die Heisenberg'sche Unschärferelation gesprochen, wonach man zum Beispiel Energie und Zeit nicht gleichzeitig exakt bestimmen kann. Aufgrund dieser Energieunschärfe gibt es praktisch keine Energie Null, sondern auch das Vakuum besitzt eine Energie. Und jetzt kommt die Erklärung der dunklen Energie: Das Universum dehnt sich aus, also die gesamte Raum-Zeit, somit auch das Vakuum. Deshalb nimmt die Vakuumenergie zu und die Expansion des Universums verläuft beschleunigt. Anfangs, als das Universum extrem klein war, war auch die Vakuumenergie klein, daher spielte die dunkle Energie keine Rolle. Je größer das Universum wurde, desto wichtiger wurde dieser Anteil. Man kann diese Vakuumenergie abschätzen und dann kommt eine Ernüchterung: Die abgeschätzte Vakuumenergie ist um den Faktor 10^{100} falsch, also stimmt hier irgendetwas nicht. Eine Lösung für dieses Problem wäre die früher erwähnte Supergravitation.

Die moderne Physik beziehungsweise Astrophysik liefert daher ein völlig ungewöhnliches Bild des Universums:

> Das Universum hat eine Geschichte, es ist etwa 13,7 Milliarden Jahre alt.
> Das Universum dehnt sich aus.
> Neben der normalen sichtbaren Materie gibt es die dunkle Materie.
> Da die Expansion beschleunigt erfolgt, gibt es auch die dunkle Energie.

Das Spannende daran ist, dass wir nur einen Bruchteil des Universums direkt beobachten können: etwa 4–5 Prozent dessen, was es im Universum gibt, ist direkt beobachtbar (nicht nur im sichtbaren Bereich, sondern auch etwa im Radiobereich oder Röntgenbereich), derzeit etwa 25 Prozent macht die dunkle Materie aus und etwa 70 Prozent die dunkle Energie.

Der Großteil dessen, woraus das Universum besteht, ist nicht direkt beobachtbar, sondern dunkle Materie oder dunkle Energie.

Als Astrophysiker ist man daher mit besonderen Problemen konfrontiert: Wir können wegen der riesigen Entfernungen (bis auf die Planeten im Sonnensystem) unsere Objekte wahrscheinlich niemals direkt vor Ort untersuchen, und der Großteil dessen, aus dem das Universum besteht, ist derzeit der Physik nicht bekannt.

Leben im
Universum

Philosophie und die Entstehung des Lebens

Eine der letzten großen ungeklärten Fragen ist, ob es anderswo Leben im Universum gibt. Man stelle sich vor, was die Entdeckung von Leben, insbesondere intelligentem Leben auf anderen Planeten für uns bedeuten könnte.

Wie ist Leben entstanden?
Diese Frage beschäftigte natürlich auch die Philosophie und das bereits seit der Antike. Haben die Götter das Leben geschaffen? Ist Leben spontan aus unbelebter Materie entstanden?

Empedokles (495–435 v. Chr.) führte alle Prozesse in der Natur auf sechs Grundprinzipien zurück:

4 Elemente: Erde, Wasser, Feuer und Luft
sowie die beiden Kräfte: Liebe und das Gegenteil von Liebe, der Streit.

Die Liebe führt zu einer Vermischung und Verbindung der Grundelemente, der Hass trennt diese. Das Verhältnis von Liebe zu Streit ändert sich im Lauf der Erdgeschichte, es gibt Perioden, wo die Liebe überwiegt, und Perioden, wo der Hass überwiegt. Es wird ein ewiger Weltkreislauf vorgeschlagen. In Zeiten der Liebe vereinigt sich alles zu einer perfekten Kugel (*Sphairos*) und die Kräfte des Bösen werden an den Rand gedrängt. Aber sie erstarken und zerstören die Kugelsymmetrie. Danach erstarken wieder die guten Kräfte. Die Geschichte des Universums verläuft in vier Phasen:

Vorherrschaft der Liebe
Erstarken des Streits
Vorherrschaft des Streits
Erstarken der Liebe

Was die Entwicklung der einzelnen Arten der Lebewesen anbelangt, vertrat Empedokles die Ansicht, dass sich zunächst keine fertigen Lebewesen entwickelten, sondern bestimmte Bauteile, also Organe oder Glieder von Lebewesen. Diese Bauteile hätten sich dann miteinander verbunden, und daraus konnten teils skurril anmutende Lebewesen entstehen. Durch die natürliche Auslese hätten sich dann diejenigen Lebewesen durchgesetzt und erhalten, die am effizientesten waren. Die unzweckmäßigen Arten wären ausgestorben. Hier finden wir also bereits das Prinzip der natürlichen Selektion, nur die erfolgreichsten Arten setzen sich durch.

Die Ideen des Empedokles zur Entstehung des Lebens wurden später von Aristoteles (384–322 v. Chr.) aufgegriffen und erweitert. Aristoteles geht von einer Spontanerzeugung des Lebens aus. Unter dem Einfluss von Wärme, Luft und Wasser sollen sich spontan Lebewesen bilden, zum Beispiel Würmer im Schlamm, Muscheln, Quallen und Krebse. Später glaubte man, dass Läuse aus Schweiß entstehen, Skorpione, Wespen, Schlangen und Mäuse aus Aas, Maden aus faulendem Käse. Diese Vorstellungen wurden von den christlichen Kirchenvätern übernommen.

Der persische Gelehrte Avicenna.

Avicenna aus Persien lebte um 980–1037, ging auch von einer Spontanerzeugung aus, aber er sagte, dass die Materie von etwas Höherem geformt werde. Avicenna verfasste ein fünfbändiges Werk über Medizin. Er beschäftigte sich auch mit Astronomie und fand heraus, dass Venus der Erde näher sein müsste als die Sonne. Die Astrologie lehnte er ab, weil sie empirisch nicht beweisbar ist. Er beschrieb auch die Entstehung von Bergen: „Entweder entstehen sie durch das Aufbäumen von Erdschichten, wie es bei schweren Erdbeben geschieht, oder sie sind die Folge von Wasser, das neue Wege suchte und Täler herausgewaschen hat, wo weichere Gesteinsschichten zu finden sind … Dies muss jedoch eine große Zeit in Anspruch nehmen, in der die Berge selbst geringer werden könnten."

Averroes (oder Ibn Ruschd, 1126–1198) ging von einem Einfluss der Gestirne auf die Formen der Lebewesen aus.

Thomas von Aquin (1225–1274) vertrat die Ansicht, dass sich beispielsweise die Kraft der Sonne und anderer Himmelskörper bei der Spontanerzeugung von Lebewesen auswirkt.

Der Scholastiker Blasius von Parma (1347–1416) zweifelte an der Richtigkeit der biblischen Erzählung von der Arche Noah, wonach alle Tierarten in der Arche vor der Sintflut gerettet worden waren. Er meinte, dass die einzelnen Arten nach der Sintflut durch Spontanerzeugung neu entstanden sein mussten.
Im 16. Jahrhundert hatte Tiberio Russiliano folgendes Argument für die Spontanerzeugung: Die Menschen des amerikanischen Kontinents müssen durch Spontanerzeugung entstanden sein, denn es sei unmöglich, den amerikanischen

Doppelkontinent von Europa oder Afrika aus mit Booten zu erreichen. Wenn also Menschen in Amerika durch Spontanerzeugung entstanden sind, muss das auch für alle Menschen gelten.

Doch allmählich begann man an der Vorstellung einer Spontanerzeugung zu zweifeln. Es fand ein Umdenken statt, *Omne animal ex ovo, alles stammt aus dem Ei.* Ein Beweis dafür waren Maden im Fleisch. Fleisch, das völlig abgeschlossen aufbewahrt wurde, entwickelte nicht spontan Maden, sondern nur, wenn Fliegen Zugang hatten, ihre winzigen Eier dort ablegen konnten. Diese Versuche wurden von Francesco Redi (1626–1697) durchgeführt.

Mikroorganismen

Antoni van Leeuwenhoek gilt als Erfinder des Mikroskops. Mit diesem entdeckte er 1676 Bakterien und andere Mikroorganismen in Gewässern und im menschlichen Speichel. In einem Liter Meerwasser leben bis zu 20 000 verschiedene Arten von Mikroorganismen. Zunächst nahm man an, dass Mikroorganismen durch Spontanerzeugung entstehen. 1861 zeigte Louis Pasteur, dass Mikroorganismen keine Spontanerzeugung zeigen und drei Jahre später veröffentlichte er, dass alles Lebende nur aus Lebendem entstehen kann. Damit kommen wir aber in Widerspruch zur Urknalltheorie. Im frühen Universum gab es mit Sicherheit kein Leben, schon aus dem einfachen Grund, weil die komplexen Bausteine des Lebens, Wasser, Kohlenstoff fehlten, und es, wie wir gesehen haben, nur die Elemente Wasserstoff und Helium gab.

Wir stehen also vor der Frage, wie aus unbelebter Materie Leben entstehen kann.

Die frühe Erde

Im Jahr 1953 hatten die beiden Chemiker Stanley Miller und Harold C. Urey die Idee, die frühe Erdatmosphäre zu simulieren. Sie nahmen an, die Uratmosphäre der Erde, vor etwa 4 Milliarden Jahren bestand aus Wasser, Methan (CH_4), Ammoniak (NH_3) und Kohlenmonoxid (CO). Diese Verbindungen gaben sie in einen Glaskolben. Dann setzen sie das System elektrischen Entladungen aus, vergleichbar mit Blitzen, wie es sie heute gibt und wie sie in der Uratmosphäre sicherlich auch vorhanden waren.

Es zeigte sich, dass 18 Prozent der Methanmoleküle zu Biomolekülen umgewandelt wurden. Es entstanden also Aminosäuren, die Bausteine des Lebens, wie wir es kennen.

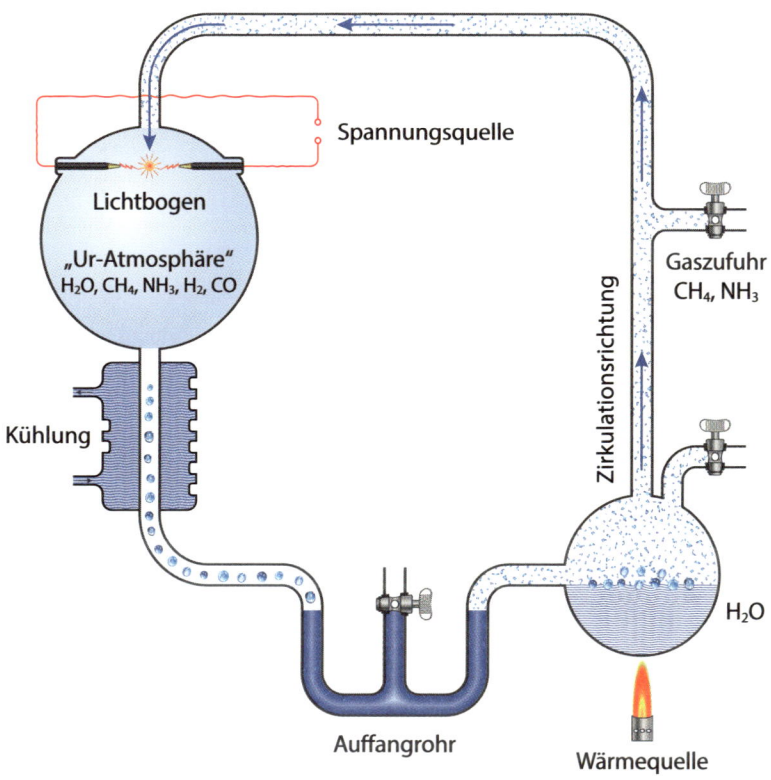

Das Experiment von Urey und Miller.

Die Aminosäure Glycin ist die einfachste Aminosäure. Sie konnte auch auf Kometen, Meteoriten und sogar in interstellarer Materie nachgewiesen werden.

Das Experiment von Urey und Miller lässt zwar keine Lebewesen entstehen, aber immerhin die Bausteine, aus denen Leben, wie wir es kennen, besteht.

Wichtig für die Entstehung des Lebens ist auch der Prozess der Selbstorganisation. Unter diesem Begriff versteht man die automatische Entwicklung eines geordneten Systems. Ordnung entsteht quasi aus dem Chaos. Lokal verringert sich die Unordnung (Entropie), doch gesamt betrachtet nimmt die Entropie stets zu.

Entropie ist ein wichtiger Begriff, er steht für die Unordnung eines Systems. Die Entropie und damit die Unordnung nimmt für alle Systeme zu. Wenn Sie das nicht glauben, denken Sie doch einfach einmal an Ihren Schreibtisch.

Selbstorganisation kennen wir aus vielen Beispielen. Denken wir beispielsweise an die wunderschönen Eisblumen, die sich bei schlecht isolierten Fensterscheiben im kalten Winter bilden. Polarlichter zeigen wunderschöne Muster, ebenso elektrische Entladungen wie Blitze. Es scheint, als ob plötzlich Ordnung ins Chaos kommt. Die

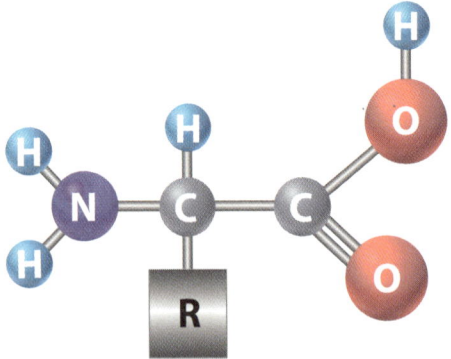

Grundstruktur von Aminosäuren. Sie enthalten eine Aminogruppe (-NH2) und eine Carboxygruppe (-COOH).

Luftmoleküle sind normalerweise in thermischer Bewegung, einige bewegen sich nach links oben, andere nach rechts unten; dennoch scheinen sich spontan Muster zu bilden, man spricht von einem *deterministischen Chaos*.

In der Biologie gibt es viele Beispiele der Selbstorganisation. Strukturen wie Zellmembranen, Vogelschwärme, Fischschwärme entstehen plötzlich aus chaotischen Bewegungen.

So könnte auch das Leben entstanden sein, wahrscheinlich unter Wasser in den sogenannten Schwarzen Rauchern, Black Smokers. Das sind Gase ausstoßende Vulkane unter dem Meeresspiegel. Die heißen Gase, die sehr mineralstoffhaltig sind, kommen mit dem kalten Wasser des Ozeanbodens in Berührung und dunkles Material fällt dabei aus.

Selbstorganisation könnte das spontane Entstehen von Strukturen erklären und letztlich auch die Entstehung von Leben.

Wir gehen heute davon aus, dass Leben auf der Erde im Bereich der Unterwassergeysire auf den Ozeanböden entstanden ist.

Unterwassergeysire, black smokers.
NHM, UK.NOAA

Leben aus dem All?

Es gibt aber auch andere Vorstellungen über die Entstehung des Lebens auf der Erde. Zwar hat das Experiment von Urey und Miller gezeigt, dass es in der Uratmosphäre der Erde mithilfe elektrischer Entladungen durchaus möglich war, organische Verbindungen zu erzeugen (Blitze). Aber dieses Material (Aminosäuren) könnte auch von auf die Erde stürzenden Kometen stammen. Es ist ebenso denkbar, dass die Kometen einen Teil des Wassers auf der Erde lieferten. Eine andere Theorie, die *Panspermia-Theorie*, geht davon aus, dass sich das Leben nur einmal irgendwo im Universum entwickelt haben muss, und es sich danach automatisch ausbreitete. Wir wissen von Bakterien, die Sporen bilden und so monatelang oder noch länger extreme Temperaturen, Strahlungen, Trockenheit überdauern, bis sie wieder auf günstige Bedingungen stoßen (also auf andere Planeten) und sich dort wieder weiterentwickeln und vermehren können. Bei Raumfahrtmissionen wurden zunächst unbemerkt solche Bakterien mitgenommen, die den Flug von der Erde zum Mond und zurück überstanden.

Panspermia-Theorie: Kam das Leben vom Weltall durch Einschläge auf die Erde?

Heute legt man bei Raumfahrtmissionen zu den Planeten großen Wert auf Sterilisation der Sonden. Es könnte aber durchaus sein, dass Bakterien von der Erde bereits den Mars „verseucht" haben. Auch umgekehrt wäre es natürlich denkbar, dass sich das Leben in der Frühphase des Sonnensystems zuerst auf dem Mars entwickelte und dann später durch Meteoriten vom Mars auf die Erde gebracht wurde.

Bereits der griechische Philosoph Anaxagoras hat von Samen des Lebens gesprochen, die sich im gesamten Kosmos ausbreiteten. Die große Revolution gab es dann in Europa mit der Entdeckung der Evolution von Charles Darwin (1809–1882) im Jahr 1859. Sein Hauptwerk war *The Origin of Species*, über die Entstehung der Arten. Angeregt wurde Darwin durch seine Beobachtungen, während seiner Expedition auf der HMS Beagle (1831–1836). Die Ansichten über die Entstehung des Lebens vor Darwin waren im Wesentlichen:

Thales von Milet: Leben entstand aus dem Wasser
Anaximander: Leben entstand aus feuchter Umgebung
Aristoteles: Leben entstand aus Schlamm
Judentum, Christentum, Islam: Die Arten bleiben konstant; Leben entsteht durch Schöpfung.
Jean-Baptiste de Lamarck (1744–1829) sprach erstmals von einem Artenwandel
Georges Cuvier (1769–1832) untersuchte Fossilien und erkannte, dass bestimmte Arten auch aussterben können

Die Entwicklung des Universums stellt sich noch einmal zusammengefasst wie folgt dar:

Vor etwa 13,7 Milliarden Jahren: Urknall
Vor etwa 4,7 Milliarden Jahren: Bildung des Sonnensystems und damit Entstehung der Erde.
Vor etwa 3,5 Milliarden Jahren: Leben entsteht auf der Erde
Vor etwa 2,5 Milliarden Jahren: Sauerstoff in der Erdatmosphäre
Vor etwa 60 Millionen Jahren: Aussterben der Dinosaurier durch einen Asteroideneinschlag
Vor etwa 2 Millionen Jahren: Erste Menschen

Denken wir uns die Geschichte des Universums auf ein Jahr ausgedehnt. Dann kann man die Daten von oben wie folgt angeben:

Jänner 0:00 Uhr: Das Universum entsteht.
Ende Juli: Das Sonnensystem entsteht.
Anfang September: Leben entsteht auf der Erde.
Ende September: Durch Fotosynthese gibt es Sauerstoff in der Erdatmosphäre.
17. Dezember: Das Leben breitet sich sehr stark aus, auch auf dem Land.
30. Dezember gegen Mittag: Ein Asteroid schlägt auf der Erde ein, die Dinosaurier und viele andere Tier- und Pflanzenarten sterben aus.
31. Dezember um 22 Uhr 45: erste Menschen.
31. Dezember um 23 Uhr 59 Minuten 55 Sekunden: Christi Geburt.

Unsere Zeitrechnung (ab der Geburt Christi) beginnt in dieser Zeitskala also erst in den letzten 5 Sekunden, wenn man die Entwicklungsgeschichte des Universums auf ein Jahr skaliert.

Gibt es mehr als ein Universum?

Die Überschrift dieses Kapitels klingt wahrscheinlich seltsam. Universum bedeutet eigentlich „alles", also kann es im Grunde genommen nicht mehr geben als ein Universum oder doch?

Fassen wir noch einmal kurz die Entwicklung unseres Weltbildes zusammen:

> Die Erde ist im Zentrum – geozentrisches Weltbild, hielt sich bis Kopernikus (1543).
> Die Sonne ist im Zentrum – heliozentrisches Weltbild
> Die Sonne ist ein Stern unter vielen in der Galaxis
> Es gibt viele Galaxien, unsere Milchstraße ist nur eine von vielen hundert Milliarden (Hubble um 1925)
> Das Universum hat eine Geschichte, die vor etwa 13,7 Milliarden Jahren begann, Urknall.

Beim Urknall kommen wir an die Grenzen der Physik. Insbesondere die beiden großen Theorien der modernen Physik, die Relativitätstheorie und die Quantenphysik passen auf den kleinen Größenskalen, wie sie beim Urknall geherrscht hatten, nicht mehr zusammen. Gibt es hier Ansätze einer neuen Theorie?

Die kleinsten Teilchen als Fäden

Nach der Quantentheorie sind die kleinsten Teilchen punktförmig. Streng betrachtet hat ein Punkt die Ausdehnung Null. Wie kann es dann überhaupt einen Raum geben, wenn die Teilchen, die diesen erfüllen, Null Ausdehnung besitzen? Teilchen, also Elementarteilchen sind nicht weiter in kleinere Einheiten teilbar. Dies gilt für Elektronen und Quarks (aus denen Protonen und Neutronen bestehen).

Um 1960 wurde eine neue Theorie entwickelt, die *Stringtheorie*, zunächst nur, um die starke Wechselwirkung zwischen den Quarks zu erklären. Das englische Wort „string" bedeutet Saite. Eine Gitarrensaite kann schwingen und je nach Spannung verschieden hohe Töne erzeugen.

Man nahm an, die Quarks werden von fadenförmigen Gluonen zusammengehalten, daher die Bezeichnung Stringtheorie. Später wurde diese Vorstellung weiter ausgebaut und man nahm an, alle Elementarteilchen bestehen aus Strings. In den 1980er-Jahren zeigte sich dann, dass es einerseits mehrere Stringtheorien gibt, andererseits aber kommt bei diesen die Gravitation quasi als Nebenprodukt heraus. Das war natürlich eine Sensation, denn bisher wusste man mit der Gravitation, der schwächsten aller Kräfte, nicht viel anzufangen, sie passte irgendwie nicht zu den drei übrigen Wechselwirkungen.

Zu den Stringtheorien gehört auch die *Superstringtheorie*, in der es sogenannte SUSY-Teilchen gibt, das sind supersymmetrische Teilchen. Rufen wir uns nochmals kurz das Konzept der Elementarteilchen in Erinnerung. Es gibt Fermionen und Bosonen. Zu den Fermionen zählen die sechs verschiedenen Quarks, sowie das Elektron, Muon und Tau-Teilchen und die dazugehörigen Neutrinos. Die Kräfte zwischen den Fermionen werden von den Bosonen übertragen: Beispielsweise die W- und Z-Bosonen vermitteln die schwache, die Gluonen die starke und die Photonen die elektromagnetische Wechselwirkung. Nach der Theorie der Supersymmetrie gibt es zu jedem Fermion ein supersymmetrisches Boson und zu jedem Boson ein supersymmetrisches Fermion. Leider hat man diese supersymmetrischen Teilchen bisher noch nicht nachgewiesen, was an deren großer Masse (= Energie) liegt, die man bisher in den Beschleunigern nicht erzeugen konnte.

Eine Erweiterung stellt das Konzept von sogenannten *Branen* dar. Strings sind nicht mehr eindimensionale Fäden, sondern besitzen mehr als eine Dimension. Die Längenskala der Strings liegt bei der Planck-Länge:

$$l_p = 1,6 \; x \; 10^{-35} m$$

Strings können offen oder geschlossen sein (ähnlich wie ein Kreis). Sie können vibrieren, schwingen. Eine bestimmte Vibration eines geschlossenen Strings würde dann dem Graviton entsprechen, dem Teilchen, das für die Gravitation verantwortlich ist. Die Stärke der Vibration erklärt dann die unterschiedliche Masse der Teilchen. Je stärker die Schwingung, desto massiver das Teilchen.
Nach der Superstringtheorie gäbe es insgesamt zehn räumliche Dimensionen, die aber wegen der Kleinheit nicht sichtbar sind (Kompaktifizierung). Man stelle sich einen Gartenschlauch vor. Dieser hat sicher mehr als eine Dimension, er hat eine

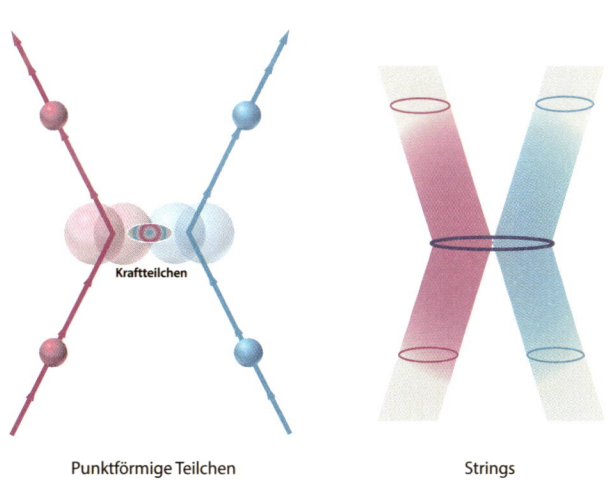

Links: Zwei punktförmige Teilchen beeinflussen einander, tauschen ein Teilchen aus (Kraft) und trennen sich wieder. Rechts: Derselbe Vorgang gemäß der Stringtheorie. Die beiden Strings (Teilchen) verschmelzen und trennen sich wieder.

Kraftteilchen

Punktförmige Teilchen

Strings

Länge, eine Dicke, ein Volumen … Von der Ferne betrachtet erscheint er jedoch wie ein eindimensionaler dünner Strich. Die anderen Dimensionen sind dem entfernten Beobachter verborgen.

Da sich die Extradimensionen der Stringtheorien erst bei der Planck-Länge bemerkbar machen, ist es kein Wunder, dass man diese noch nicht entdeckt hat.
Signaturen von Extradimensionen würden sich eventuell auch als Polarisationsmuster in der kosmischen Hintergrundstrahlung messen lassen, da es dann sogenannte *primordiale Gravitationswellen* gegeben haben müsste.
Die Kompaktifizierung hat noch einen anderen Aspekt. Die SM-Felder sind Felder des Standardmodells der Physik, also elektromagnetisches Feld, starkes und schwaches Wechselwirkungsfeld. Diese sind auf sogenannte 3D-Branen beschränkt, die Gravitation hingegen kann durch alle Dimensionen wirken.

Nach der Stringtheorie gibt es, wie gesagt, zehn räumliche Dimensionen und eine Zeitdimension.

Die Schleifengravitation

Ein weiterer Ansatz, die Gravitation mit der Relativitätstheorie zu versöhnen, ist die Schleifengravitation, *Quantum Loop Gravity*. Hier sieht man den Raum als eine Art Netzwerk mit Knoten an. Raum und Zeit sind also quantifiziert. Diese Effekte finden bei der Planck-Länge (10^{-35} m) beziehungsweise der Planck-Zeit (10^{-43} s) statt. Gravitation und Geometrie sind dann nicht mehr kontinuierlich, sondern diskret, sie kommen in kleinsten Einheiten vor. Das Netz selbst ist der Raum. Dazwischen ist Nichts. Stellen Sie sich Sandkörner vor, zwischen denen nichts ist. Die Elementarteilchen entsprechen dann Netzwerkknoten.

Ein Kubikzentimeter enthält 10^{99} Knoten. Diese Zahl ist viel größer als das Volumen des gegenwärtigen Universums (10^{85} cm³).

Eine interessante Aussage einer Variante der Quantum Loop Gravity ist, dass die Lichtgeschwindigkeit von der Wellenlänge abhängig sein müsste und zwar wenn die Wellenlänge vergleichbar mit den Knotenabständen und damit der Planck-Länge wird. Dann nämlich spüren die Photonen die Struktur der Quanten-Raum-Zeit. Dies kann man für hochenergetische kosmische Strahlung untersuchen. Es würde zu Laufzeitunterschieden kommen. Mit dem MAGIC Teleskop auf La Palma wurden Gammastrahlungsausbrüche eines 500 Millionen Lichtjahre entfernten Objektes gemessen. Man konnte zwar Effekte messen, aber diese könnten auch andere Ursachen haben.

Das MAGIC Teleskop. Die Fläche des Gesamtspiegels beträgt etwa 240 m².

Paralleluniversen

Gehen wir nochmals zur Quantenmechanik zurück. Es wurde deutlich, dass man in der Welt der kleinen Teilchen nur Wahrscheinlichkeiten angeben kann. Wir können also mit einer bestimmten Wahrscheinlichkeit aussagen, dass sich ein Teilchen gerade in einem kleinen Ortsbereich aufhält und nicht irgendwo anders. In der Quantenphysik gibt es die Viele-Welten-Interpretation. Sobald wir etwas messen, realisieren wir einen Zustand von vielen möglichen anderen. Bei einer Messung einer ursprünglichen Welt entstehen quasi viele andere Welten, in denen auch ein anderes Messergebnis möglich wäre. Diese Möglichkeit wurde erstmals 1957 von Hugh Everett vorgeschlagen. Stellen wir uns dazu folgende Situation vor. Sie sind mit dem Auto unterwegs und fahren bei Grün über die Kreuzung. Im Querverkehr befindet sich ein Autofahrer, der sein Rotlicht übersehen hat und Sie können mit einer Vollbremsung eine Kollision verhindern. Genauso gut wäre es aber auch möglich gewesen, dass Sie einen furchtbaren Unfall haben, oder dass der unachtsame Autofahrer die Kreuzung bereits verlassen hat. Aber in Ihrer Welt wurde genau der Zustand realisiert, dass eben zum Glück nichts passiert ist. Andrei Linde geht noch weiter. Unser bekanntes Universum entstand aus einem Multiversum, eine chaotische Inflation, es sind natürlich viele weitere Universen denkbar. An jedem Punkt des Raums gibt es quasi den Keim zur Entstehung eines neuen Universums. Die Entstehung erfolgt chaotisch, also zufällig.

Bereits im 5. Jahrhundert v. Chr meinte Petron von Himera, dass es 183 Universen geben sollte. Sie berühren einander und formen ein gleichseitiges Dreieck. Erinnert

Sie das ein bisschen an die Schleifengravitation? Auch Demokrit vertrat die Ansicht, es müsse mehre Universen geben. Diese Universen entstehen und vergehen, können auch parallel zueinander existieren oder eben nacheinander. Ein Schüler Demokrits, Metrodorus von Chios (4. Jh. v. Chr.), drückte es so aus: „Dass im unendlichen Raum nur ein einziger Kosmos entstehe, sei ebenso unwahrscheinlich, wie dass auf einer großen Ackerfläche nur ein einziger Getreidehalm heranwachse. In dem atomistischen Modell gibt es unzählig viele Atome und einen unbegrenzten Raum. Die Atome sind ständig in Bewegung und es bilden sich Ansammlungen von ihnen, die zur Entstehung von Strudeln oder Wirbeln führen, aus denen sich dann die Welten formen.“

Nach Metrodorus könnte es Universen geben mit Leben, Universen ohne Leben und so weiter. Platon meinte später, dass der Schöpfer die bestmögliche aller Welten geschaffen haben müsse, somit könne es nur ein Universum geben. Auch Aristoteles war überzeugt, dass es nur ein Universum geben kann, denn es müsse auch einen zentralen Punkt geben, dem alles zustrebt.

Giordano Bruno (1565–1600) vertrat die Ansicht, dass es im unendlichen Universum viele abgeschlossene Welten geben könne, Descartes war der Meinung, es könne nur eine Welt geben. In der modernen Philosophie finden sich hauptsächlich Argumente für die Existenz von Paralleluniversen.

Somit kommen wir zum vorletzten Schritt unserer Erkenntnis: Es gibt möglicherweise viele Universen! Der letzte Schritt wäre dann, anderswo Leben zu finden.

Quantenphysik: Kollaps der Wellenfunktion oder viele Universen?

Die Quantenphysik zeigt einige interessante unerwartete Resultate und Vorhersagen; ein Aspekt ist die Messung selbst. Schrödingers Katze wurde bereits besprochen. Bevor wir den Zustand der Katze messen, ist alles möglich, sie kann leben oder gestorben sein. Sobald wir aber messen, wird genau ein Zustand realisiert. Die Wellenfunktion der Katze, die alle möglichen Zustände beschreibt, bricht quasi auf einen Zustand zusammen. Nehmen wir an, wir hätten ein Teilchen im Universum. Wo befindet sich dieses Teilchen? Die Antwort darauf lautet: Überall im ganzen Universum. Erst die Messung legt fest, dass sich das Teilchen auf der Erde im Physiklabor von Graz befindet.

Nach Hugh Everett (in den 1960er-Jahren) ist das Universum quantenmechanisch. Es gibt eine Superposition (Überlagerung) aller möglichen Zustände.

Superposition ist die Überlagerung verschiedener Möglichkeiten. In der Quanten-mechanik schreiben wir beispielsweise beim radioaktiven Zerfall:

|zerfallen> + *|nicht zerfallen>*

Beide Zustände sind vor der Messung möglich.

Sobald wir aber messen (beobachten), ist eine der Möglichkeiten realisiert. Wir sehen hier also die Interaktion des Beobachters mit der Realität. Auf das Beispiel mit der Katze angewendet: Wir messen, stellen fest, ob die Katze lebt oder nicht. Es gibt ein Universum, in dem die Katze tot ist und es gibt ein anderes Universum, in dem die Katze lebt.

Nach Everett kollabiert nicht die Wellenfunktion. Vor und nach der Messung gibt es weiterhin alle Zustände. Wir sind also verschränkt mit dem Universum. Doch warum werden wir dann nicht verrückt, wenn es unendlich viele Universen gibt? Eben weil wir als Beobachter Teil des Universums sind. Der Physiker Bryan Greene drückte es so aus:

„Laut Inflationstheorie sind die mehr als hundert Milliarden Galaxien, die im All wie himmlische Diamanten schimmern, nichts als Quantenmechanik, die in großen Buchstaben an den Himmel geschrieben wurde. Für mich ist diese Erkenntnis eines der größten Wunder des modernen wissenschaftlichen Zeitalters."

Unser Universum befindet sich in einer Art Blase, die sich ausdehnt, aber auch andere Blasen entstehen und dehnen sich aus, allerdings entfernen sie sich von uns mit Überlichtgeschwindigkeit, sodass wir nicht in Kontakt treten können.

Das inflationäre Universum sagt also mehrere Universen voraus.

Auch die Stringtheorien sagen mehr als ein Universum voraus. Es gibt 10^{500} Möglichkeiten für Stringtheorien und diese Zahl könnte auch die Anzahl der mög-lichen Universen angeben. Diese Zahl ist unvorstellbar groß, denken wir daran, dass seit dem Urknall erst 10^{17} Sekunden vergangen sind.

Vieles spricht dafür, dass es mehrere (Parallel-)Universen gibt. Das Problem ist aber, ob diese Theorien überprüfbar sind.

Wie die Naturwissenschaften sich weiter entwickeln, wissen wir nicht, aber eines ist ganz sicher: Unser Weltbild wird sich weiter verändern.

Quellen

Anzenbacher A., Einführung in die Philosophie, Herder, 2002

Bahr B., Faszinierende Physik., ein bebilderter Streifzug vom Universum bis in die Welt der Elementarteilchen. Springer, 1999

Elsässer D., Urknall, Sterne, Schwarze Löcher: Vergangenheit, Gegenwart und Zukunft des Universums, Springer, 2019

Grifftis D., Einführung in die Physik des 20. Jahrhunderts: Relativitätstheorie, Quantenmechanik, Elementarteilchenphysik und Kosmologie, 2011, Pearson

Hanslmeier A., Einführung in Astronomie und Astrophysik, 2014, 3. Auflage, Springer Verlag

Hanslmeier A., Faszination Astronomie, 2015, 2. Auflage, Springer Verlag

Hawking S., Kober H., Kurze Antworten auf große Fragen, Klett-Cotta, 2018

Kunzmann P., DTV Atlas der Philosophie, DTV, 2011

Lösch H., **Müller** J., Kosmologie für Fußgänger: Eine Reise durch das Universum, Goldmann, 2014

Röthlein B., Schrödingers Katze, DTV, 1999

Bildnachweis

A Determination of the Deflection of Light by the Sun's Gravitational Field, from Observations Made at the Total Eclipse of May 29, 1919; F. W. Dyson, A. S. Eddington, and C. Davidson; 1920/wikimedia: S. 145; Afrank99/wikimedia: S. 128; Alexander P./shutterstock.com: S. 134; Andrey I/shutterstock.com: S. 122; angelinast/shutterstock.com: S. 21; Anteromite/shutterstock.com: Cover, 10–11, 36, 48, 62–63, 80–81, 86–87, 118–119, 146–147, 172–173; avian/shutterstock.com: S. 15; Bartolomeo and Christopher Colombus – Bibliothèque Nationale de France (CPL GE AA 562 RES)/wikimedia: S. 54; Barucco Diego/shutterstock.com: S. 85; Bibi Saint-Pol/wikimedia: S. 35; Blaeu Willem/wikimedia: S. 64; Block Adam/wikimedia (CC BY-SA 3.0 us): S. 151; Brücke Osteuropa/wikimedia (CC0): S. 162; Cortyn/shutterstock.com: S. 52; Dario Lo Presti/shutterstock.com: S. 17; Design_Cells+Mmaxer/shutterstock.com: S. 140; Designua/shutterstock.com: S. 111, 153, 155; Douglas-Menzies Lucinda/wikimedia: S. 100; Dunn Andrew/wikimedia (CC BY-SA 2.0): S. 148; E. Weiß: „Bilderatlas der Sternenwelt", 1888/wikimedia: S. 14; Eroshka/shutterstock.com: S. 44; EoD/wikimedia (CC BY-SA 3.0): S. 128; Fabioj/wikimedia (CC BY-SA 3.0): S. 158; Fouad A. Saad/shutterstock.com: S. 112; Galilei Galileo 1610/wikimedia: S. 67; Hagemeyer Johan/wikimedia: S. 152; Jurik Peter/shutterstock.com: S. 116; Key Kevin/shutterstock.com: S. 12; Kühnel Tanja: S. 25, 27, 30, 31, 32, 58, 60, 61, 65, 71, 79, 101, 104, 105, 106, 109, 138, 139, 141–144, 149 161, 164, 168, 170, 178, 185; Kühnel Tanja/NASA Jet Propulsion Laboratory – Caltech: S. 77; Kurbiel Lukasz/shutterstock.com: S. 45; Kurzon/wikimedia (CC BY-SA 4.0): S. 109; Le Brun Charles, Entry of Alexander into Babylon/wikimedia: S. 35; Leon Rafael/shutterstock.com: S. 43; Library of Congress's Prints and Photographs division/wikimedia: S. 136; Lisheng2121/shutterstock.com: S. 66, 75; Lobachev Andrey/shutterstock.com: S. 97; Ludovisi Collection/wikimedia: S. 28; Mbzt/wikipedia (CC BY 3.0): S. 22; MicroOne/shutterstock.com: S. 125; Mooslechner, Walter: S. 16; Nasa images: S. 108, 153; NASA, ESA, and STScI/wikimedia: S. 169; NASA/WMAP Science Team/wikimedia: S. 156; National Maritime Museum, Greenwich, London/wikimedia (CC-BY-NC-SA-3.0): S. 68; Newton Isaak/wikimedia: S. 91; Nicolas Copernicus, De revolutionibus/wikimedia: S. 56; Nikater/wikimedia: S. 40; Nikolang/wikimedia: S. 123; Nuamfolio/shutterstock.com S. 8–9; Nut_Shu/shutterstock.com: S. 19; pandapaw/shutterstock.com: S. 53; Pixus/shutterstock.com: S. 89; Ponne Anita/shutterstock.com: S. 98; Popular Science Monthly Volume 78/wikimedia: S. 28; Rob Crandall(R)/shutterstock.com: S. 42; Rona P./wikimedia: S. 178; Saad Fouad A./shutterstock.com: S. 177; Sadovski Vadim/shutterstock.com: S. 179; Serorion/shutterstock.com: S. 124; Siberian Art/shutterstock.com: S. 23, 24; Skatebiker/wikimedia (CC BY-SA 3.0): S. 92; Smith Nathan/wikimedia: S. 160; Solipsist/wikimedia (CC BY-SA 2.0): S. 76; Standage Kevin/shutterstock.com: S. 47; Stefan-xp/wikimedia (CC BY-SA 3.0): S. 104; Stefano Buttafoco/shutterstock.com: S. 46; Stepniak/wikimedia: S. 55; tan_tan/shutterstock.com: S. 18; Tefi/shutterstock.com: S. 126; Thomas Maik/Schutterstock.com: S. 46; ThomasK/wikimedia (CC BY-SA 3.0): S. 151; ToovskAle/wikimedia (CC BY-SA 3.0): S. 154; Vecton/shutterstock.com: S. 91; VectorMine/shutterstock.com: S. 132; Wagner Robert, The MAGIC Telescope at night/wikimedia: S. 187; wdwd/wikimedia (CC BY 3.0): S. 102; Wellcome Library, London/wikimedia (CC BY 4.0): S. 68; wikimedia: S. 175; Wolff Johann Eduard/wikimedia: S. 59.

Index

© privat

Arnold Hanslmeier
Univ.-Prof. Dr., unterrichtet Astrophysik am Institut für Physik der Karl-Franzens-Universität Graz. Er hat mehr als 400 wissenschaftliche Publikationen verfasst, darunter sechs Fachbücher sowie ein Standardwerk zur Einführung in die Astrophysik. Gastprofessuren u. a. in Wien, Toulouse, La Laguna, Freiburg, viele Forschungsaufenthalte an den weltgrößten Observatorien. Er betreibt zwei private Sternwarten und es ist ihm ein großes Anliegen, die Faszination der Astrophysik einem breiten Publikum nahezubringen.